INTERNET DATA REPORT ON CHINA'S SCIENCE POPULARIZATION

中国科普互联网数据报告
2024

钟　琦　王黎明　马崀翔◎著

科学出版社

北　京

内 容 简 介

作为"中国科普互联网数据报告"系列的第八辑,本书着眼于互联网科普的平台化发展,对以"科普中国"为代表的公共平台和以抖音、哔哩哔哩为代表的互联网平台的科普发展现状进行深入解读与分析,用数据画像和对比分析的方式多方位呈现科普内容、科普创作者、科普用户之间复杂而有序的互动,反映互联网科普生态的现况与趋势。全书内容分为两篇。上篇聚焦公共平台科普的发展,下篇聚焦社会化互联网平台科普的发展。附录为2023年科普舆情专报和"科普中国"信息员调查问卷。

本书适合科普工作者、研究者以及对相关话题感兴趣的读者参考和阅读。

图书在版编目(CIP)数据

中国科普互联网数据报告. 2024 / 钟琦,王黎明,马崟翔著. -- 北京:
科学出版社,2025. 1. -- ISBN 978-7-03-080379-5

I. N4

中国国家版本馆CIP数据核字第2024DW1735号

责任编辑:张 莉 / 责任校对:韩 杨
责任印制:师艳茹 / 封面设计:有道文化

科 学 出 版 社 出版

北京东黄城根北街 16 号
邮政编码:100717
http://www.sciencep.com

北京中科印刷有限公司印刷
科学出版社发行 各地新华书店经销

*

2025 年 1 月第 一 版 开本:720×1000 1/16
2025 年 1 月第一次印刷 印张:10 1/2
字数:165 000

定价:85.00 元

(如有印装质量问题,我社负责调换)

前　言

　　随着科技创新步伐的加快，人工智能和经济社会进入全面融合发展新阶段。从 2022 年底 OpenAI 公司发布语言大模型 ChatGPT，实现通过自然语言交互完成多种任务，具备多场景、多用途、跨学科的任务处理能力，到 2024 年 2 月正式发布 Sora（人工智能文生视频大模型），至此，大模型技术在经济、法律、社会等众多领域开始发挥重要作用，引发了大模型的发展热潮。当然，多种技术相结合可能会推动人工智能跨越现有的局限，但大模型并不是唯一的技术路径，其他人工智能领域的进步也能为大模型的发展注入新的活力。无论怎样，人工智能应用将快速渗透到各个领域。

　　中国科学技术协会自 2024 年开始布局科普大模型的开发，开启了人工智能技术在科普领域的应用。科普数据分析课题组历经 9 年的发展，完成了科普信息化工程的研究支撑，并开创性地探索了科普领域以数据分析支撑研究的方法和路径。自 2017 年开始出版《中国科普互联网数据报告》，用数据反映我国互联网科普的现状，本书是这一系列的第八辑。本系列年报以"科普中国"平台数据分析和反映国家科普平台现状与发展，以抖音平台数据为代表反映社会科普平台现状和发展，2024 年增加了哔哩哔哩（bilibili，以下简称 B 站）平台数据分析，并将抖音和 B 站数据进行对比分析，更为全面地反映我国的互联网科普现状，为今后开展发展趋势的研究提供数据支撑。

本书分上下两篇共五章内容。上篇共三章，为"科普中国"平台发展数据报告，包括"科普中国"平台建设报告、"科普中国"平台内容传播报告、"科普中国"信息员发展报告，反映了"科普中国"平台当年的发展状况，重点是内容建设和传播以及信息员发展状况。下篇为互联网平台科普数据报告，包括互联网平台内容资源报告、B 站平台用户与创作者分析报告，反映了抖音旗下的抖音、西瓜视频、今日头条三大平台和 B 站科普内容及传播现状，并着重分析了 B 站科普内容创作者及头部视频现状。

在此，感谢中科数创（北京）数字传媒有限公司多年来的支持，为本报告连续反映"科普中国"平台建设发展提供支撑。感谢 B 站公共政策研究院提供的科普相关细分数据支持，为本报告实现对 B 站科普现状描述提供帮助。特别感谢文灵科技（北京）有限公司 2024 年在提供抖音平台科普数据的同时，为了对比分析的需要，又主动承担了 B 站科普数据的支持服务，并提供了基础数据对比，为本报告实现更为准确地反映互联网科普现状做出了贡献。

全体作者

2024 年 12 月

目　录

图 目 录

表　目　录

上 篇

"科普中国"平台发展数据报告

　　"科普中国"是伴随科普信息化深入发展而形成的"互联网+科普"品牌，旨在从内容建设出发，依托全网全域传播渠道，提供科学、权威、有趣、有用的科普内容，提升科普公共服务水平。自 2014 年发展至今，"科普中国"已成为国内最权威的科普品牌和最大的科普服务平台之一。

　　本篇关注的重点数据包括：① 2023 年"科普中国"云新增科普资源容量 9.14 TB，历史累计资源容量 71.79 TB；②"科普中国"已建立传播渠道 1477 个，连接触达终端 768 个，全年传播总量超过 45 亿人次；③ 1.2 万余个科普号入驻"科普中国"，全年共发布科普内容近 6.8 万条，成为平台内容的主要来源；④"科普中国"信息员队伍持续扩大，截至 2023 年底累计注册 1689.92 万人，同比增长 20.00%，"科普中国"信息员全年传播量达 8.95 亿人次，累计分享文章 50.66 亿次。

第一章 ■■■■■

"科普中国"平台建设报告

2023 年，"科普中国"平台围绕《全民科学素质行动规划纲要（2021—2035 年）》工作部署，增设科学普及、科技创新（科普＋科创）"两翼"机构，重塑用户架构和业务逻辑，以内容为中心融合渠道、用户、运营多维度发展，建立科协系统的科普新媒体矩阵，打造互联网科普社会化动员模式，组建"科普中国＋部委"合作网络，加入全国网络辟谣联动机制，有效提升平台服务供给能力、价值引领能力和社会影响力。

第一节 "科普中国"平台建设情况

"科普中国"品牌伴随着科普信息化建设诞生和发展，紧密结合公众和社会需求，致力于为公众提供科学、权威、有趣、有用的科普内容，以内容为中心融合渠道、用户、运营多维度创新发展，不断提升科普平台的服务供给能力、价值引领能力和社会影响力。发展至今，"科普中国"已成为国内最权威的科普品牌和最大的科普资源库之一。

一、"科普中国"平台发展情况

2023 年，"科普中国"平台在资源服务融合、辅助内容创作方面取得新的进展，包括以下几个方面。

（1）首次推出"科普中国"服务清单。通过梳理整合"科普中国"平台各类资源，制定"科普中国"平台服务清单，从科普创作、传播、展示、转化等多个环节全面加强对科技工作者、科协系统、社会机构的科普服务赋能。

（2）首款科普认知智能大模型"AI小科"上线运行。开发用于"科普中国"虚拟数字人、科普知识问答和科普助手三类应用场景的科普大语言模型，已上线辅助生成内容、智能讲解和问答互动功能。

二、2023年科普信息化工程项目情况

2023年科普信息化工程共有26个子项目（表1-1），通过"科普中国"平台的内容运营、渠道建设、活动运营、用户运营等方面的工作，加强联动"两翼"，完善科普信息传播渠道，丰富平台科普内容，提升平台科普内容质量，提升活动质效，增强"科普中国"品牌影响力，将"科普中国"平台打造成"科普中国"的用户中心、传播中心和活动中心，切实打通科普工作"最后一公里"。

表 1-1　2023年科普信息化工程子项目和承建单位

版块	科普信息化工程子项目	子项目承建单位
内容建设	科普中国前沿科技	中国科学院计算机网络信息中心
	科普中国重大科技成果解读	新华网股份有限公司
	科普中国智惠农民	农业农村部人力资源开发中心、光明网传媒有限公司（联合体）
	科普中国军事科技	光明网传媒有限公司
	科普中国绿色双碳	新华网股份有限公司
	科普中国医疗健康	中华医学会
	科普中国食品安全	人民网股份有限公司
	科普中国繁星追梦	光明网传媒有限公司
	科普中国航天科技解读	中国航天报社有限责任公司
	科普中国科学视界	中科数创（北京）数字传媒有限公司、北京中科星河文化传媒有限公司（联合体）
	科普中国星空计划	中科数创（北京）数字传媒有限公司、北京中科星河文化传媒有限公司（联合体）
渠道建设	科普中国官方平台运营	中科数创（北京）数字传媒有限公司、北京中科星河文化传媒有限公司（联合体）

续表

版块	科普信息化工程子项目	子项目承建单位
渠道建设	科普中国头条要闻解读	人民网股份有限公司
	科普中国网络媒体传播矩阵	第一包：人民网股份有限公司 第二包：新华网股份有限公司
	科普中国省级融媒发展	黑龙江新媒体集团有限公司 北京科技报社 浙江都市快报控股有限公司 江苏省科学传播中心 河南大河网数字科技有限公司 《重庆科技报》社有限公司 湖南科技传媒集团有限公司 新疆日报社 上海科技报社 广东科技报社有限责任公司
品牌建设	科普中国品牌发展和宣传推广	中国科学技术出版社有限公司、北京中科星河文化传媒有限公司（联合体）
	科普中国直播服务系列活动	光明网传媒有限公司
	科普中国科学辟谣	中科数创（北京）数字传媒有限公司、北京中科星河文化传媒有限公司（联合体）
	科普中国 - 改变世界的 30 分钟	北京广播电视台
	科普中国专家沙龙系列活动	中国科普作家协会
	科普中国青年之星创作大赛	中国科普作家协会
阵地建设	学会科普能力提升项目 - 甲类 20 个	中国自动化学会等
	学会科普能力提升项目 - 乙类 7 个	中国物理学会等
运营保障	科普中国中央厨房建设及运营	中科数创（北京）数字传媒有限公司
	科普中国舆情监测	北京艾利艾互联网科技股份有限公司
	科普中国科学热词聚合搜索维护	北京百度网讯科技有限公司

三、"科普中国"平台资源分类情况

（一）"科普中国"内容资源来源分类

"科普中国"的内容资源来源于平台原创和第三方授权两类。其中，原创内容是指由"科普中国"项目单位创作的视频和图文，"科普中国"平台对其持有全部版权；授权内容是指由学/协会、科研院所等"两翼"单位或者科普机构／个人创作并授权给"科普中国"平台的视频和图文，"科普中国"平台对其持有部分版权。

（二）"科普中国"内容资源频道分类

1."科普中国"云（资源中心）频道分类

2023年，"科普中国"资源中心共设置21个专栏，包括"疾病防治""生活解惑""农业技术""生物""前沿科技""能源环境""营养健康""天文地理""航空航天""科学家""数理化""心理学""工业技术""食品安全""历史文明""军事科技""交通运输""建筑水利""美容健身""科幻""其他"。

2."科普中国"网频道分类

2023年，"科普中国"网共设置15个频道，包括"头条""健康""辟谣""前沿科技""应急科普""科教""博物""军事""科幻""人物""天文地理""生活百科""智农""专区""社区"。

3."科普中国"APP频道分类

2023年，"科普中国"APP共设置17个频道，包括"头条""健康""辟谣""前沿科技""应急科普""科教""博物""军事""科幻""人物""天文地理""生活百科""智农""专区""社区""其他""专题"。

第二节 "科普中国"内容汇聚和发布数据报告

本节将"科普中国"内容资源的生产汇聚数据按照科普图文和科普视频两大类进行统计。这些科普内容的发布渠道包括"科普中国"网、"科普中国"APP、"科普中国"微信公众号、"科普中国"微博和其他新媒体。

一、"科普中国"云全年汇聚的科普内容总量

"科普中国"云是"科普中国"内容资源汇聚平台，包括原创内容资源及授权内容资源两类。2023年，"科普中国"云新增科普资源容量9.14 TB，历史

累计资源容量达到 71.79 TB。

按原创内容和授权内容两类统计：2023 年新增科普原创图文 5245 条，比 2022 年减少 111 条；新增原创科普视频 3361 条，比 2022 年减少 131 条。截至 2023 年底，原创科普视频存量达 31 334 条，原创科普图文存量达 235 107 条。

2023 年新汇聚授权视频共 1210 条，时长合计 11 788 分钟；截至 2023 年底，授权科普视频存量达 20 428 条，时长累计 140 356 分钟，授权图文存量达 75 645 条（表 1-2）。

表 1-2　2023 年"科普中国"汇聚资源统计

	资源数量 / 条	2023 年增量 / 条	2023 年底存量 / 条
"科普中国"内容资源	视频资源	4 571	51 762
	原创视频	3 361	31 334
	授权视频	1 210	20 428
	图文资源	5 245	310 752
	原创图文	5 245	235 107
	授权图文	—	75 645
	资源容量/TB	9.14	71.79

表 1-3 为 2023 年"科普中国"原创科普内容的新增月度数据。由图 1-1 可以看出，新增内容资源容量的月度变化曲线与新增科普视频数量的月度变化曲线更为接近。

表 1-3　2023 年"科普中国"原创科普内容新增月度数据

月份	资源容量 /TB	科普图文 / 条	科普视频	
			数量 / 条	时长 / 分钟
1	0.04	123	86	309.81
2	0.05	348	233	1 280.07
3	0.51	239	178	763.03
4	0.4	347	233	1 026.66
5	0.5	299	220	917.84
6	0.2	487	419	1 924.13
7	1.3	483	215	1 261.71

续表

月份	资源容量/TB	科普图文/条	科普视频	
			数量/条	时长/分钟
8	1.75	600	429	1 927.76
9	1.75	394	221	872.06
10	0.5	670	275	1 402.65
11	2.14	775	552	2 546.95
12	0	480	300	1 563.79
总计	9.14	5 245	3 361	15 796.5

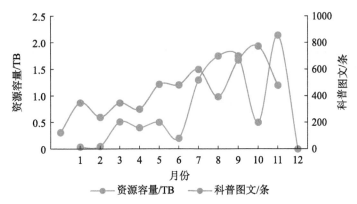

(a) 2023年新增"科普中国"内容资源容量
与科普图文数量月度变化曲线

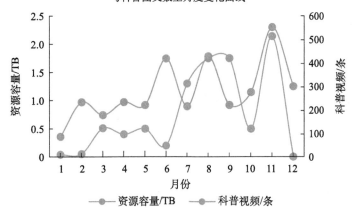

(b) 2023年新增"科普中国"内容资源容量
与科普视频数量月度变化曲线

图 1-1 2023年新增"科普中国"内容资源容量、科普图文数量、
科普视频数量月度变化曲线

从科普视频的时长来看，2023年"科普中国"新增科普视频平均时长为4.7分钟，各月新增科普视频平均时长集中在3～6分钟（图1-2）。

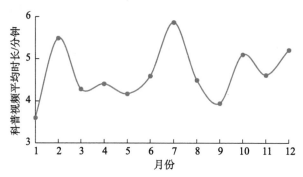

图1-2 2023年新增"科普中国"科普视频平均时长月度变化曲线

2023年"科普中国"的科普资源汇聚数据（表1-4、表1-5）反映出科普内容建设的如下变化：2022年以来的科普视频平均季度增长量明显高于过去三年的平均季度增长量；自2020年以来，科普资源容量的平均季度增长量稳定保持在2 TB以上。

表1-4 "科普中国"内容资源汇聚累计数据

截止时间	资源容量/TB	科普图文/条	科普视频/条
截至2017年12月	15.35	177 868	11 839
截至2018年3月	19.44	183 154	14 615
截至2018年6月	20.56	188 314	15 449
截至2018年9月	26.41	192 734	16 898
截至2018年12月	27.91	196 919	17 987
截至2019年3月	28.51	199 284	18 260
截至2019年6月	29.91	202 422	18 759
截至2019年9月	32.41	209 138	19 723
截至2019年12月	35.81	212 920	20 594
截至2020年3月	36.31	214 495	20 643
截至2020年6月	37.61	216 986	21 031
截至2020年9月	39.22	218 762	21 706

续表

截止时间	资源容量/TB	科普图文/条	科普视频/条
截至 2020 年 12 月	44.02	219 970	22 514
截至 2021 年 3 月	44.33	220 991	22 719
截至 2021 年 6 月	45.91	222 271	23 065
截至 2021 年 9 月	50.82	223 405	23 814
截至 2021 年 12 月	53.15	224 506	24 481
截至 2022 年 3 月	53.15	224 764	24 515
截至 2022 年 6 月	53.61	225 550	24 890
截至 2022 年 9 月	57.95	227 346	26 121
截至 2022 年 12 月	62.65	229 862	27 973
截至 2023 年 3 月	63.25	230 572	28 470
截至 2023 年 6 月	64.35	231 705	29 342
截至 2023 年 9 月	69.15	233 182	30 207
截至 2023 年 12 月	71.79	235 107	31 334

表 1-5 "科普中国"内容资源汇聚平均季度增长数据

年度	资源容量/TB	科普图文/条	科普视频/条
2018 年平均季度增长	3.14	4763	1537
2019 年平均季度增长	1.98	4000	652
2020 年平均季度增长	2.05	1762	480
2021 年平均季度增长	2.28	1134	492
2022 年平均季度增长	2.38	1339	873
2023 年平均季度增长	2.29	1311.25	840

  图 1-3 显示的是 2018～2023 年"科普中国"内容资源累计容量变化曲线。其中实线是实际累计资源容量,虚线是按照线性关系添加的趋势线。从 2018～2023 年的数据来看,2018 年的累计资源量要高于趋势线;2019 年以来的累计资源发展曲线形状类似,显现出两端略高、中间稍低的特点。

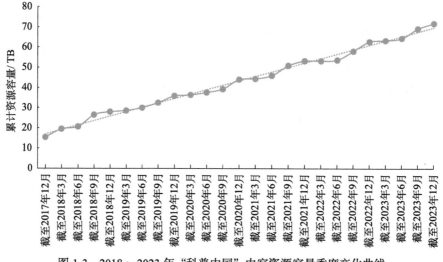

图 1-3　2018～2023 年"科普中国"内容资源容量季度变化曲线

图 1-4 显示的是 2018～2023 年科普图文和科普视频的平均季度增长量。2018～2021 年,科普图文的增长量逐年降低,2021 年后稳定在 1000 条以上;科普视频的增长量在 2019 年大幅下降,2020 年、2021 年连续小幅下降,2022 年后出现回升;自 2019 年以来,科普视频在新增内容中的占比连续上升,从 2019 年的 14.02% 提高到 2023 年的 39.01%。

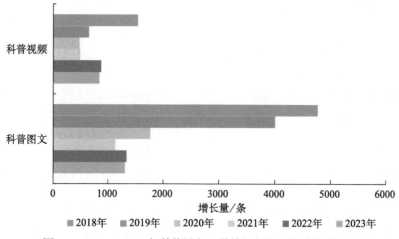

图 1-4　2018～2023 年科普图文和科普视频的平均季度增长量

二、"科普中国"网和"科普中国"APP 发布的科普内容数量

"科普中国"网和"科普中国"APP 是科普内容的主要发布渠道。自 2022 年起，这两个渠道的发布内容实现同步。2023 年"科普中国"网和"科普中国"APP 各月的发文数量和制作专题数量统计见表 1-6。2023 年按照科普图文、科普视频合计，"科普中国"网和"科普中国"APP 全年发文 66 947 条，制作专题 341 个。全年发文与 2022 年基本持平，制作专题数比 2022 年大幅增加。

表 1-6　2023 年"科普中国"网和"科普中国"APP 各月发文及制作专题数量

月份	发文数 / 条	制作专题数 / 个
1	2 776	28
2	3 003	11
3	4 697	34
4	3 915	38
5	5 091	32
6	5 731	28
7	5 518	37
8	5 668	34
9	5 828	31
10	7 139	19
11	10 644	22
12	6 937	27
总计	66 947	341

2023 年，"科普中国"发文数在 11 月出现高峰，全年总体呈逐月增长趋势，下半年发文数远多于上半年（图 1-5）。

表 1-7、1-8 显示了"科普中国"网和"科普中国"APP 各频道的发文数据，数据计入同一篇文章在多个频道下发布的情况。发文最多的 4 个频道是"健康""头条""科教""生活百科"，各个频道的发文总数均超过 1 万条。

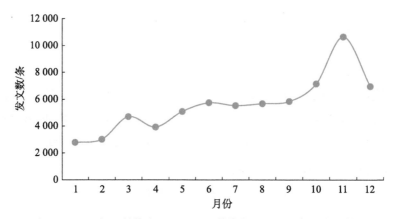

图1-5 2023年"科普中国"网和"科普中国"APP各月发文数量

表1-7 2023年"科普中国"网全年分频道发文数统计

频道	发布总数/条	科普图文发布数/条	科普视频发布数/条
健康	26 480	19 387	7 093
头条	18 829	16 072	2 757
科教	14 660	8 211	6 449
生活百科	11 847	8 704	3 143
博物	7 023	4 946	2 077
前沿科技	6 562	4 624	1 938
社区	6 446	5 857	589
天文地理	4 921	3 009	1 912
智农	4 322	2 765	1 557
应急科普	3 054	2 067	987
人物	2 920	2 359	561
军事	1 761	1 444	317
科幻	1 539	1 342	197
辟谣	23	14	9
专区	18	13	5

表1-8 2023年"科普中国"APP全年分频道发文数统计

频道	发布总数/条	科普图文发布数/条	科普视频发布数/条
健康	26365	19 475	6 890
头条	18749	17 092	1 657

续表

频道	发布总数/条	科普图文发布数/条	科普视频发布数/条
科教	14624	7 585	7 039
生活百科	11 835	8 743	3 092
博物	7 288	5 291	1 997
前沿科技	6 540	4 632	1 908
社区	6 407	5 871	536
天文地理	4 902	3 057	1 845
智农	4 312	2 634	1 678
应急科普	3 049	2 062	987
其他	2 955	2 065	890
人物	2 907	2 246	661
军事	1 760	1 084	676
科幻	1 530	1 078	452
专题	401	341	60
辟谣	23	3	20
专区	18	13	5

对比各频道的科普图文和科普视频发布情况可知，绝大多数频道发布的内容以图文为主，视频内容总体占比约为 1/4；"科教""天文地理""智农"频道的视频内容占比超过 1/3（图 1-6 和图 1-7）。

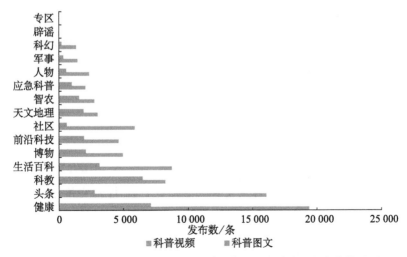

图 1-6　2023 年"科普中国"网各频道科普图文和科普视频发布数量对比

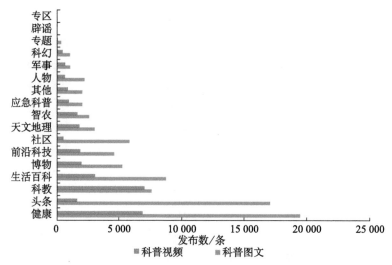

图 1-7　2023 年"科普中国"APP 各频道科普图文和科普视频发布数量对比

三、"科普中国"平台科普号科普内容发布数据

截至 2023 年底，"科普中国"平台科普号累计注册量超 1.2 万个，全年共发布科普内容近 6.8 万条。按项目类科普号[①]和普通科普号分类统计，项目类科普号共 78 个，2023 年共发文 26 125 条，占科普号发文总数的 38.4%，其中"科普中国"官方号发文最多，达 2125 条。平均每个项目类科普号日均发文 0.9 条，有 17 个项目类科普号日均发文超过 1 条（图 1-8）。普通科普号 2023 年共发文 41 863 条。根据发布量排名，机构号中的"中国绿发会""北京科协""宁夏科学传播"等排在前列，个人号中的"桂粤科普""盐城科普先锋""桂花飘香"等排在前列（图 1-9）。

四、"科普中国"公众号科普内容发布数据

2023 年，"科普中国"微信公众号发文 3685 条，平均每天发文超过 10 条。从月度发布量来看，平均每月发文超过 300 条，10 月发文最多，有 322 条；

---

① 项目类科普号是指科普信息化工程子项目单位负责运营的科普号。

2月发文最少，有280条。在微信公众号全部发文中，"科普中国"原创内容有839条，占发布总量的22.8%，平均每天发布原创内容2.3条。从月度发布量来看，8月原创发文最多，有122条；12月最少，仅有2条（图1-10）。

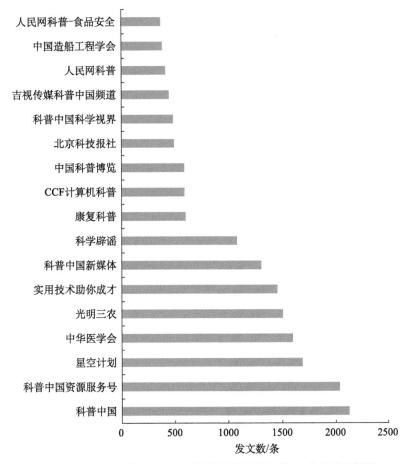

图1-8 2023年"科普中国"项目类科普号排名前17位的发文情况

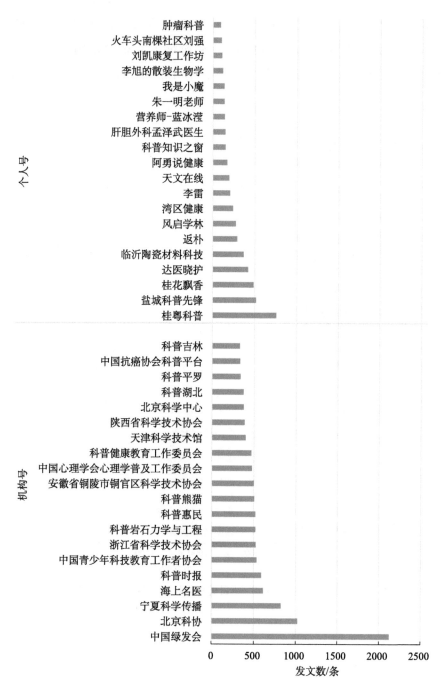

图 1-9 2023 年"科普中国"普通科普号排名前 20 位的发文情况

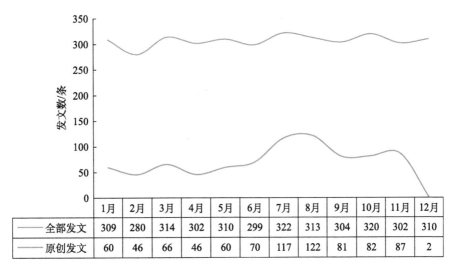

	1月	2月	3月	4月	5月	6月	7月	8月	9月	10月	11月	12月
全部发文	309	280	314	302	310	299	322	313	304	320	302	310
原创发文	60	46	66	46	60	70	117	122	81	82	87	2

图 1-10 2023 年 "科普中国" 公众号月度发文数据

第二章 ■■■■■■
"科普中国"平台内容传播报告

"科普中国"已建立基于"科普中国"云、"科普中国"网、"科普中国"APP、"科普中国"新媒体以及第三方合作渠道的传播服务体系，广泛连接到移动终端（手机）和固定终端［个人计算机（PC）、电视以及医院、车站、景区等公共场所的落地终端］。自 2020 年以来，移动端的浏览和传播量一直稳定占有七成以上，2023 年移动端的浏览和传播量占比 77.5%。

第一节　"科普中国"平台传播情况

一、"科普中国"传播矩阵体系

截至 2023 年底，"科普中国"共组建传播渠道 1477 个，包括官方渠道 47 个、共建渠道 8 个、"两翼"渠道 326 个、社会渠道 1096 个；各类渠道连接触达终端 768 个，包括移动终端 304 个，非移动终端 464 个（含 PC 端 109 个、电视端 194 个、公共场所类终端 161 个），形成了组织严密、分工明确的立体传播矩阵。

二、"科普中国"内容分发体系

目前，"科普中国"平台建立了多样化的内容来源，根据内容版权情况，通过四类传播渠道将科普内容发布到相应的终端。其中，"科普中国"官方版权内容，以及第三方授权"科普中国"且包含传播转授权的内容，可以直接由官方渠道发布，也可由平台协调其他渠道发布。第三方授权但不包含传播转授权的内容，主要由官方渠道发布。通过内容汇聚机制，科普机构和媒体也可将自有版权但未向"科普中国"授权的内容通过平台科普号发布（图2-1）。

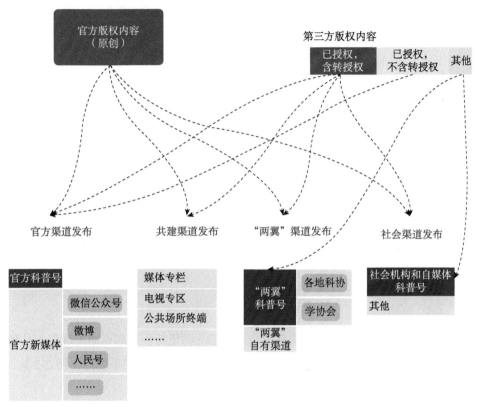

图 2-1 "科普中国"内容分发体系

注：人民号指人民网平台上的新媒体号；学协会指学会和协会。

第二节 "科普中国"全年传播数据

一、"科普中国"移动端和非移动端传播数据

2023年，"科普中国"内容浏览和传播量总计45.46亿人次（表2-1），移

动端浏览和传播量是非移动端的 6.42 倍。其中，移动端浏览和传播量总和为
39.33 亿人次，比 2022 年同比增长 20.53%；非移动端浏览和传播量总和为 6.13
亿人次，比 2022 年同比下降 35.20%。

表 2-1　2023 年"科普中国"内容月度浏览和传播量

月份	移动端浏览和传播量 / 亿人次	非移动端浏览和传播量 / 亿人次
1	2.51	0.07
2	1.63	0.01
3	1.86	0.08
4	2.72	0.61
5	2.4	0.51
6	5.96	1.07
7	3.12	0.69
8	6.28	1.18
9	3.06	0.25
10	4.18	0.58
11	3.59	0.96
12	2.02	0.12
总计	39.33	6.13

　　2023 年，"科普中国"移动端和非移动端的浏览与传播高点均出现在 6 月和
8 月，第二、第三季度的浏览和传播量明显高于第一和第四季度的（图 2-2）。

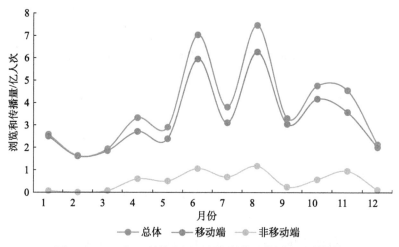

图 2-2　2023 年"科普中国"内容浏览和传播量月度数据

二、"科普中国""两微一端"①的传播数据

2023年，"科普中国"APP新增浏览量超3.17亿人次（不含社团），微信公众号新增浏览量超1.85亿人次，官方微博新增浏览量超3.60亿人次（不含话题）。

"科普中国"APP全年大多数月份浏览量稳定在2000万人次以上，月度最高值超过3000万人次；微信公众号大多数月份浏览量稳定在1000万人次以上，月度最高值超过2000万人次；官方微博全年大多数月份的浏览量稳定在2000万人次以上，月度最高值超过5000万人次。从"科普中国"月度浏览数据来看，"两微一端"的浏览量最高值出现在8月，且下半年的浏览量均高于上半年（图2-3）。

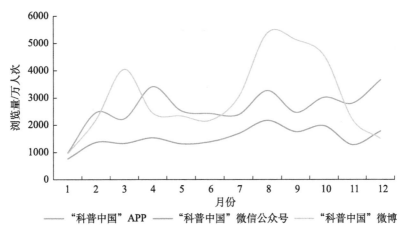

图2-3 2022年"科普中国"APP、微信公众号和微博月度浏览量

注："科普中国"APP浏览量不包含社团，"科普中国"微博浏览量不包含话题。

第三节 "科学辟谣"平台传播数据

"科学辟谣"平台由国家公共部门、全国学会、权威媒体、社会机构和科

---

① "两微一端"指微博、微信和新闻客户端。

技工作者共同参与，致力于构建"谣言库""专家库""辟谣资源库"等国家级科学辟谣体系，揭开"科学"流言真相，聚焦认知误区，针对性提供权威科学解读。

一、"科学辟谣"平台资源发展情况

2023年，"科学辟谣"平台的谣言库规模和辟谣资源数量稳步增加，平台影响力持续扩大。全年新收录谣言3204条，制作辟谣资源543条。截至2023年12月，谣言库累计入库14 749条信息，辟谣资源累计4716条，累计总用户近862万，累计传播量超过85.88亿人次（图2-4）。

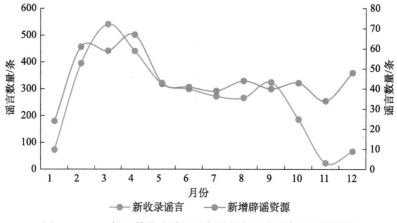

图2-4　2023年"科学辟谣"平台谣言库和辟谣资源月度数据

二、"科学辟谣"平台2023年热门"科学"流言

综合考虑传播热度、危害程度、学科领域等因素，"科学辟谣"平台定期评选发布月度"科学"流言榜，2023年共发布12期"科学"流言榜，共包含72条"科学"流言，包括：生活健康相关流言29条，医疗健康相关流言19条，食药安全相关流言10条，防疫诊疗相关流言7条，环境安全相关流言6条，生物生态相关流言1条（表2-2）。

表 2-2　2023 年"科学"流言榜

月份	流言	辟谣来源	主题
1	1. 新冠病毒感染康复期不能喝咖啡	腾讯较真	防疫诊疗
	2. 感染 XBB 毒株易严重腹泻，要准备蒙脱石散	腾讯较真 科普中国	防疫诊疗
	3. 柑橘都用保鲜剂处理过，吃了不利于健康	科学辟谣	食药安全
	4. 新冠痊愈标准是能憋气 40 秒	腾讯较真 头条辟谣	防疫诊疗
	5. 辅酶 Q10 能防治新冠感染诱发的心肌炎	腾讯较真 头条辟谣	防疫诊疗
	6. 兔子爱吃胡萝卜	科学辟谣	生物生态
2	1. 近日发热病例数量飙升，新一轮疫情已经到来	科普中国	防疫诊疗
	2. 不吃早餐有助于减肥	科学辟谣	生活健康
	3. 白草莓是转基因水果	科学辟谣	食药安全
	4. 美国氯乙烯泄漏会导致酸雨危害全球	腾讯较真	环境安全
	5. 维生素 C 补充得越多越好	头条辟谣	生活健康
	6. 砂糖橘不能和牛奶一起吃	科学辟谣	食药安全
3	1. 酒精和免冲洗洗手液可以灭活诺如病毒	头条辟谣	防疫诊疗
	2. 指甲旁边长倒刺说明缺少维生素	科普中国	生活健康
	3. 母乳 10 个月时就没有营养了	头条辟谣	生活健康
	4. 吃胶原蛋白保健品，皮肤会变好	腾讯较真	生活健康
	5. 吸烟可以延年益寿，因为尼古丁可以抗衰老	腾讯较真	医疗健康
	6. HPV 疫苗"价"数越高预防效果越好	科学辟谣	防疫诊疗
4	1. 沙尘暴又来了，"三北"防护林不管用，毫无价值	科学辟谣	环境安全
	2. 鸭血、猪血等能清肺	科普中国	生活健康
	3. 洗牙对牙齿伤害大，会把牙缝洗大	头条辟谣	生活健康
	4. 吃米比吃面更容易让人发胖	科学辟谣	生活健康
	5. 腐乳有霉菌，吃了会致癌	科学辟谣	食药安全
	6. 拍口腔牙片有辐射会致癌	科学辟谣	医疗健康
5	1. 电子烟很健康，没有危害	头条辟谣	生活健康
	2. "倒挂控水"法能救溺水者	腾讯较真	医疗健康
	3. 剖腹产不需要做盆底康复	科学辟谣	医疗健康
	4. 地震来时，就去找"生命三角"躲避	科学辟谣	环境安全
	5. 感冒后大量喝水好得快	科普中国	医疗健康
	6. 馒头冷冻 3 天不能吃，因为会滋生黄曲霉毒素	科学辟谣	食药安全

续表

月份	流言	辟谣来源	主题
6	1. 婴儿发烧可以用捂汗的方式来帮助退烧	科普中国	医疗健康
	2. 身上的痣要切掉，因为痣是黑色素瘤的前身，迟早会恶变	腾讯较真	医疗健康
	3. 亲属之间输血更安全	科学辟谣	医疗健康
	4. 吃生鱼片时蘸芥末就能杀死寄生虫	科学辟谣	食药安全
	5. 多看绿色可以保护视力	科学辟谣	生活健康
	6. 先吃水果再吃饭更有利于营养吸收	科学辟谣	生活健康
7	1. 一旦中暑要马上多喝白开水来补充水分	人民日报、健康客户端	生活健康
	2. 北京今年 6 月 30 日～7 月 2 日气温高达 43℃～44℃	腾讯较真	环境安全
	3. 运动后不能喝冰水，喝冰水有害健康	腾讯较真	生活健康
	4. 备孕要多吃叶酸，越早吃越好	科学辟谣	生活健康
	5. 爱笑的人不会得抑郁症	科学辟谣、科普中国	医疗健康
	6. 冰箱冷冻室是食物的"保险箱"	科普中国	食药安全
8	1. "地震云"预测到了山东省德州市平原县地震	科普中国	环境安全
	2. 空调制冷模式没有除湿模式省电	科学辟谣、中国制冷学会	生活健康
	3. 气象局在高温天预报的温度比实际温度要低	腾讯新闻知识官	环境安全
	4. 出汗等于排毒养颜	科学辟谣	生活健康
	5. 用热水烫碗能杀菌	科学辟谣	食药安全
	6. 红壳鸡蛋比白壳鸡蛋更有营养	科学辟谣	生活健康
9	1. 烫伤后用抹酱油、涂牙膏等"土办法"处理，伤口好得快	科普中国、科学辟谣	医疗健康
	2. 晚上吃姜赛砒霜	科学辟谣	生活健康
	3. 咖啡＋酒＝致癌物翻倍	菠萝因子	生活健康
	4. 癫痫发作时，要赶快用东西堵住嘴	科普中国	医疗健康
	5. 长期便秘会导致直肠癌	科学辟谣	医疗健康
	6. 心跳骤停，双腿抬高抢救法有效	科普中国	医疗健康
10	1. 肺炎支原体感染需要立刻使用抗生素	人民日报、健康客户端	医疗健康
	2. 天气湿冷会引发关节炎	科学辟谣、人民日报健康客户端	生活健康
	3. 高钙奶更补钙	科学辟谣	生活健康
	4. 10 元一斤的阳光玫瑰葡萄不能吃，吃一颗＝吃 24 遍农药	腾讯较真	食药安全

续表

月份	流言	辟谣来源	主题
10	5. 经常"剃光头"，头发会越来越浓密	科学辟谣	生活健康
	6. 有机蔬菜比普通蔬菜更有营养	科学辟谣	生活健康
11	1. 山楂和栗子一起吃会更容易导致胃石	腾讯新闻	生活健康
	2. 糖尿病患者不吃主食，血糖控制得更好	人民日报、健康客户端	生活健康
	3. 高血压用药期间不用戒烟戒酒	人民日报、健康客户端	生活健康
	4. 叶酸只有备孕女性才需要补充	人民日报、健康客户端	生活健康
	5. 乳腺癌是女性的专属病	科学辟谣	医疗健康
	6. 苹果打蜡吃了会危害健康	科学辟谣	食药安全
12	1. 宝宝一咳嗽就用止咳药	人民日报、健康客户端	医疗健康
	2. 加湿器会导致"加湿器肺炎"，不能用加湿器了	科学辟谣	生活健康
	3. 得了甲流一定要吃抗病毒药	科学辟谣	医疗健康
	4. 感冒快好的时候，传染性最强	科学辟谣	医疗健康
	5. 湿发睡觉致癌	腾讯较真	生活健康
	6. 高危行为后，检测结果呈阴性就是没有感染艾滋病病毒	科学辟谣	医疗健康

*心跳骤停的规范名称为心脏骤停。

2023 年，"科学"流言榜分主题统计情况见图 2-5。

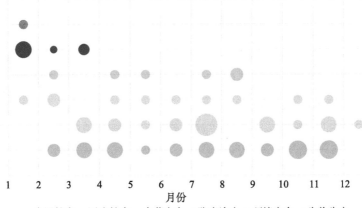

图 2-5 2023 年分主题统计的 "科学" 流言榜

注：气泡大小代表谣言数量多少。

第三章
"科普中国"信息员发展报告

　　"科普中国"信息员是完成"科普中国"APP实名注册认证并经常性开展科普信息传播的用户，是"科普中国"特有的线上科普内容分享和转发传播者主体。"科普中国"信息员积极宣传和推广"科普中国"APP，打通科普工作"最后一公里"，通过信息转发推荐的方式，向身边公众传播科学权威的科普内容。以下通过描绘"科普中国"APP注册的"科普中国"信息员总数、性别、年龄、地域、分享文章数量及主题等基本特征，形成"科普中国"信息员队伍的整体画像。

第一节 "科普中国"信息员队伍建设情况

一、"科普中国"信息员注册情况

　　2023年，"科普中国"新增注册信息员约281.59万人，平均每月新增注册23.47万人（表3-1）。注册人数增长最多的月份为11月，约35.22万人，约占全年的13%（图3-1）。截至2023年12月底，累计注册"科普中国"信息员达1689.92万人。2023年新增注册人数约占累计注册总数的16.67%。

表 3-1　2023 年"科普中国"信息员月度新增注册人数

月份	注册人数 / 人	月份	注册人数 / 人
1	35 593	3	276 067
2	66 420	4	272 771

月份	注册人数 / 人	月份	注册人数 / 人
5	236 256	9	195 445
6	256 904	10	143 932
7	203 309	11	352 150
8	222 431	12	348 512

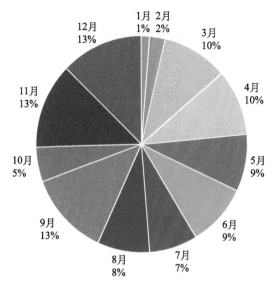

图 3-1 2023 年 "科普中国" 信息员注册人数月度新增占全年份额

2023 年, "科普中国" 信息员队伍建设有进一步发展。表 3-2 是 2023 年新增 "科普中国" 信息员人数排列前 10 位 (省级区划) 的情况。其中山东省 427 254 人、安徽省 313 807 人、河南省 228 367 人、江西省 208 385 人、宁夏回族自治区 206 979 人、内蒙古自治区 181 854 人、新疆维吾尔自治区 134 492 人、浙江省 127 377 人、江苏省 126 742 人、云南省 104 686 人。

表 3-2 2023 年 "科普中国" 信息员新增注册人员地域排名前 10 位 (省级区划) 的情况

序号	省 (自治区、直辖市)	新增注册人数 / 人
1	山东省	427 254
2	安徽省	313 807
3	河南省	228 367
4	江西省	208 385

续表

序号	省（自治区、直辖市）	新增注册人数／人
5	宁夏回族自治区	206 979
6	内蒙古自治区	181 854
7	新疆维吾尔自治区	134 492
8	浙江省	127 377
9	江苏省	126 742
10	云南省	104 686

表 3-3 是截至 2023 年 12 月底"科普中国"信息员累计注册数量排名前 10 位（省级区划）的情况。

表 3-3 截至 2023 年 12 月，"科普中国"信息员注册人员地域累计排名前 10 位（省级区划）的情况

序号	省（自治区）	注册人数／人
1	湖南省	2 401 676
2	安徽省	1 996 376
3	山东省	1 628 834
4	河南省	1 310 166
5	江西省	881 368
6	内蒙古自治区	834 789
7	浙江省	820 601
8	江苏省	779 734
9	吉林省	760 852
10	陕西省	583 733

二、"科普中国"信息员分省份发展情况

"科普中国"信息员在地区层面的发展整体较为稳定，不同的地区呈现出不同的发展模式与发展进程。图 3-2 展示的是"科普中国"信息员在全国的注册数量情况（未包括港澳台地区数据）。可以明显看出，2023 年全国各省（自治区、直辖市）的"科普中国"信息员注册量之间出现了数量级上的差异，整体差异情况相比 2022 年有所下降。

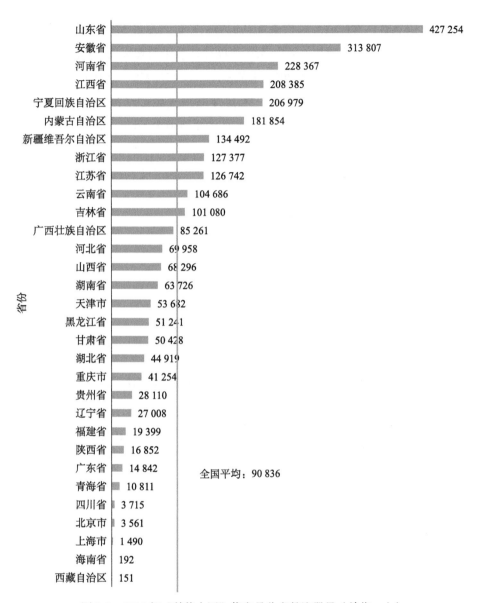

图 3-2 2023 年"科普中国"信息员分省份注册量（单位：人）

"科普中国"信息员的发展受多方面因素影响，根据注册量变化的趋势可以将其发展模式分为两类，即跳跃式发展和阶段式发展。

（一）跳跃式发展

跳跃式发展广泛存在于几乎所有省份的"科普中国"信息员发展中，比较典型的有山东省、安徽省、河南省和江西省。特征为总体发展速度较慢，但在集中的一两个月时间里发展迅速，发展速度往往是平时速度的 10 倍以上。

如图 3-3 所示，山东省在 2023 年前 10 个月的时间里，注册量一直维持在 10 万人以内，最高值为 82 327 人。11 月注册量大幅度增加，11 月的注册峰值达到了 223 001 人。而后的 12 月，注册热度回到了 10 万人以下，注册量为 87 560 人。

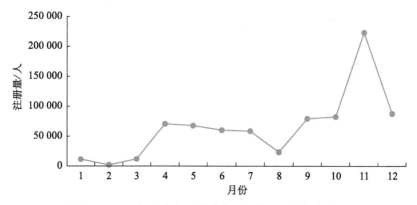

图 3-3　2023 年山东省"科普中国"信息员月度注册量

安徽省 2023 年前 7 个月的注册量并没有较大的变动，随后在 9 月产生了第一个注册高峰期，注册人数高达 2.78 万人。之后经 10 月的注册量回落，11 月再次产生第二个注册量高峰，注册人数为 3.37 万人。随后注册量直线下降，12 月的注册量为 13 163 人（图 3-4）。

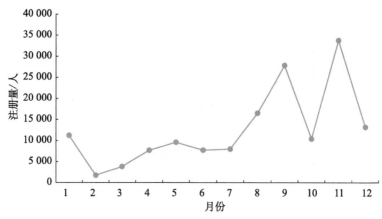

图 3-4　2023 年安徽省"科普中国"信息员月度注册量

河南省 2023 年的注册量变化情况更加明显，全年仅存在一个注册峰值，即 12 月，注册人数高达 16.87 万人。在其余月份里，注册人数均小于 4 万人（图 3-5）。峰值当月注册人数超过了总注册人数的 50%。

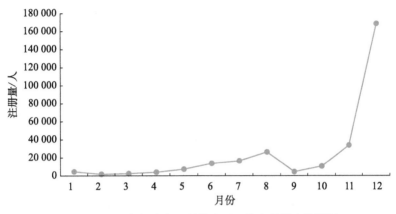

图 3-5 2023 年河南省"科普中国"信息员月度注册量

同样的情况发生在江西省的注册量变化之中。绝大多数的注册用户集中在 2023 年 12 月内注册了"科普中国"信息员。贵州省的主要注册时间为 5 月、9 月与 12 月，12 月的注册峰值最高达到 20 万人（图 3-6）。

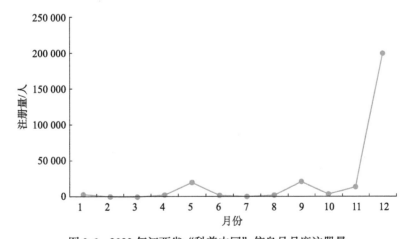

图 3-6 2023 年江西省"科普中国"信息员月度注册量

（二）阶段式发展

阶段式发展往往遵循发展周期，在一年中有多个注册峰值。以浙江省为例，2023年共出现了4个注册峰值，分别在3月、5月、9月和12月（图3-7）。另外，每个发展周期保持着相似的注册特征，发展上升期不会超过1个月，峰值过后的1个月均有大幅回落。

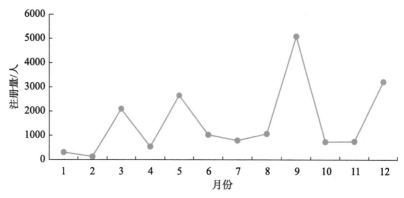

图 3-7　2023年浙江省"科普中国"信息员月度注册量

类似的阶段式发展特征也出现在江苏省，2023年产生了3个峰值，分别在1月、8月与11月，峰值过后均有大幅回落（图3-8）。

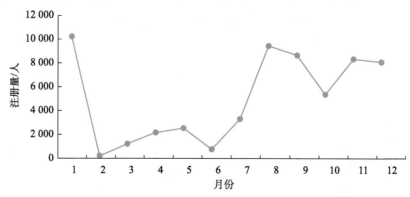

图 3-8　2023年江苏省"科普中国"信息员月度注册量

第二节　"科普中国"信息员画像

以下的"科普中国"信息员用户画像数据来源于2023年度面向"科普中

国"信息员的调查问卷（见书后的附录二），投放地点为"科普中国"APP，共有 119.56 万人次参与调研，调查涵盖"科普中国"APP 全部信息员用户。

一、"科普中国"信息员的性别情况

在参与本次调查问卷的 119.56 万人中，男性共 56.06 万人，占比 46.89%；女性共 63.50 万人，占比 53.11%（图 3-9）。

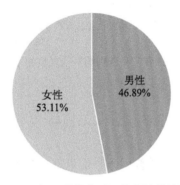

图 3-9　2023 年"科普中国"信息员的性别占比

二、"科普中国"信息员的年龄情况 [①]

参与本次调查问卷的"科普中国"信息员中，年龄在 41～55 岁的人最多，有 32.80 万人，占比 27.45%；55 岁及以上的人最少，仅有 5.98 万人，占比 5.00%（表 3-4 和图 3-10）。

表 3-4　"科普中国"信息员的年龄情况

年龄段	18 岁以下	18～23 岁	24～27 岁	28～34 岁	35～40 岁	41～55 岁	55 岁及以上
人数 / 万人	14.65	15.95	9.62	21.58	18.96	32.83	5.98
占比 /%	12.26	13.34	8.05	18.04	15.86	27.45	5.00

---

① 年龄分段对应人群：18 岁以下对应少年儿童群体，18～23 岁对应在校大学生群体，24～27 岁对应研究生群体，28～34 岁对应青年群体，35～40 岁对应中青年群体，41～55 岁对应中老年群体，55 岁及以上对应老年群体。

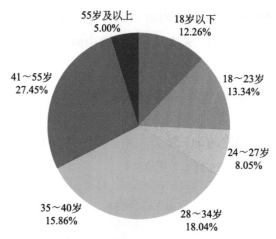

图 3-10　2023 年"科普中国"信息员的年龄占比情况

三、"科普中国"信息员的文化程度情况

参与本次问卷调查的"科普中国"信息员的受教育程度主要集中在大专和本科，占比分别 30.01%、37.59%（表 3-5 和图 3-11）。

表 3-5　"科普中国"信息员的文化程度情况

受教育程度	初中以下	高中	大专	本科	硕士及以上
人数 / 万人	17.3693	18.6685	35.8842	44.9465	2.6950
占比 / %	14.53	15.61	30.01	37.59	2.25

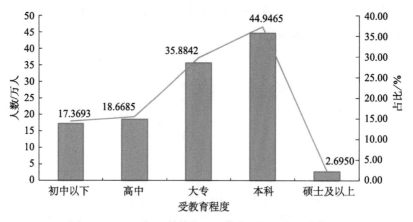

图 3-11　2023 年"科普中国"信息员的文化程度情况

四、"科普中国"信息员用户情况分析

（一）县、乡、村级"科普中国"信息员占比超六成

参与本次问卷调查的"科普中国"信息员中，县、乡、村一级"科普中国"信息员人数达到了 77.93 万人，占调查人数的 65% 以上（表 3-6 和图 3-12）。

表 3-6 "科普中国"信息员所在地情况

"科普中国"信息员所在地	一线城市	非一线城市	县、乡、村	港澳台及海外
人数 / 万人	12.14	27.12	77.93	0.26
占比 / %	10.34	23.09	66.35	0.22

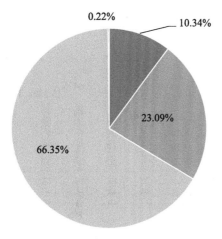

图 3-12 2023 年"科普中国"信息员所在地情况

（二）"科普中国"信息员中学生占比最高

在职业分类中，学生和教师占本次调研人数的 40% 以上，其中学生占比最高，达到 22.37%，自由职业者、技术人员、文职人员、公务员、务农人员占比较为平均，其余几类职业人员占比较低（表 3-7 和图 3-13）。

表 3-7 "科普中国"信息员从事职业情况

序号	职业类别	人数／万人	占比／%
1	学生	26.7494	22.37
2	教师	24.1133	20.17
3	自由职业者	13.3460	11.16
4	技术人员	13.3128	11.13
5	文职人员	13.0475	10.91
6	公务员	11.1792	9.35
7	务农	9.1384	7.64
8	医生	5.3426	4.47
9	退休	1.7771	1.49
10	待业	1.5572	1.30

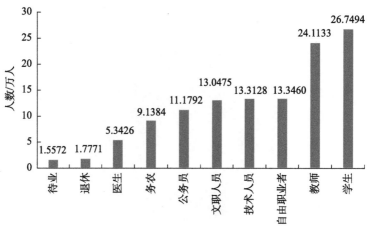

图 3-13 2023 年"科普中国"信息员从事职业情况

（三）"科普中国"信息员最喜爱的内容主题为"健康"和"生活"

在本次参与问卷调查的"科普中国"信息员中，共有 23.94 万人参与最喜爱的内容类别调研。其中，最受"科普中国"信息员喜爱的内容主题为"健康"和"生活"，占比分别为 26.20%、22.93%。参与调研的人对农业和人文类内容的喜好程度较低（表 3-8 和图 3-14）。

表 3-8 "科普中国"信息员的内容喜好情况

序号	内容类别	人数／万人	占比／%
1	健康	6.2454	26.20
2	生活	5.4679	22.93
3	科技	3.7801	15.85
4	科幻	3.2581	13.67
5	军事	2.2708	9.52
6	科学	1.9450	8.16
7	母婴	0.5631	2.36
8	辟谣	0.3113	1.31
9	农业	0	0
10	人文	0	0

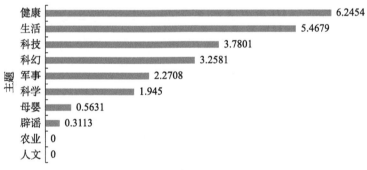

图 3-14 2023 年"科普中国"信息员的内容喜好情况（单位：万人）

此外，在本次参与问卷调查的"科普中国"信息员中，对信息员自我认可的形象调查显示，29.28 多万名"科普中国"信息员认为"普通网友"更契合自己的形象，占比最高，为 34.58%；20.64 多万名"科普中国"信息员认为"教育工作者"更契合自己的形象，占比 24.37%（表 3-9）。

表 3-9 "科普中国"信息员的形象类别

形象类别	职场高手	科普达人	普通网友	文化传播者	教育工作者	教育爱好者
人数／万人	5.2403	10.8201	29.2839	10.8186	20.6411	7.8858
占比／%	6.19	12.78	34.58	12.77	24.37	9.31

第三节 "科普中国"信息员的传播情况

一、"科普中国"信息员传播数据

（一）"科普中国"信息员传播量

全体"科普中国"信息员 2023 年全年的传播量为 895 423 045 次，月度传播量数据如表 3-10 所示，其中 11 月、10 月和 12 月是传播量排名前三位的月份，分别是 98 268 758 万次、53 531 446 次、53 100 507 次。

表 3-10 2023 年"科普中国"信息员月度传播量

月份	传播量 / 次	月份	传播量 / 次
1	15 830 665	7	23 839 927
2	12 756 258	8	30 847 697
3	17 085 262	9	44 489 960
4	19 544 073	10	53 531 446
5	22 376 650	11	98 268 758
6	20 685 124	12	53 100 507

从地域来看，湖南省、安徽省、天津市的"科普中国"信息员的传播量排名前三位，分别是 135 599 102 次、96 836 516 次、37 958 806 次，均突破千万次，湖南省的"科普中国"信息员传播量远远领先其他省份（表 3-11）。

表 3-11 2023 年"科普中国"信息员分省份分享文章数

省份	传播量 / 次	省份	传播量 / 次
湖南省	135 599 102	辽宁省	1 458 429
安徽省	96 836 516	广东省	1 375 307
天津市	37 958 806	四川省	1 124 360
内蒙古自治区	13 060 363	重庆市	1 038 055
浙江省	11 794 529	甘肃省	970 186

续表

省份	传播量/次	省份	传播量/次
宁夏回族自治区	10 370 793	广西壮族自治区	698 920
江苏省	6 427 506	山西省	632 415
云南省	6 360 818	上海市	503 669
贵州省	6 230 342	河北省	376 792
江西省	4 198 391	陕西省	295 668
河南省	4 029 404	北京市	164 764
青海省	2 864 020	黑龙江省	104 951
山东省	2 426 555	湖北省	88 866
吉林省	2 382 422	海南省	26 487
福建省	2 152 993	西藏自治区	4 926
新疆维吾尔自治区	1 733 731		

（二）"科普中国"信息员分享量的主题排行榜

2023 年，"科普中国"信息员累计分享文章 50.66 亿次，其中"头条""健康""生活百科"栏目的分享量较高，分别占比约 42.09%、11.10%、9.58%（表 3-12 和图 3-15）。

表 3-12　2023 年"科普中国"信息员分主题分享文章数

序号	栏目	分享量/万次	分享量占比/%
1	头条	213 215.48	42.09
2	健康	56 210.44	11.10
3	生活百科	48 544.49	9.58
4	前沿科技	40 482.69	7.99
5	科教	40 013.55	7.90
6	天文地理	32 799.73	6.47
7	博物	29 109.67	5.75
8	应急科普	15 286.72	3.02
9	人物	9 955.12	1.96

续表

序号	栏目	分享量/万次	分享量占比/%
10	社区	6 430.33	1.27
11	智农	4 868.23	0.96
12	军事	4 705.01	0.93
13	其他	3 404.98	0.67
14	科幻	1 480.3	0.29
15	专题	87.98	0.02
16	辟谣	11.38	0.00
17	专区	0.28	0.00
总计		506 606.38	

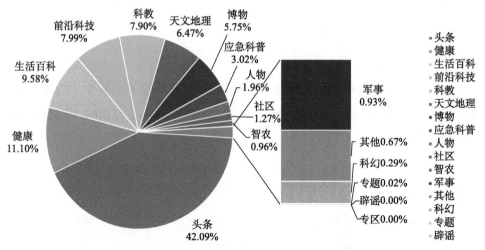

图3-15　2023年"科普中国"信息员分主题分享情况

（三）"科普中国"信息员评论量分频道排行榜

2023年，"科普中国"信息员累计评论3297.56万次，其中"头条""健康""生活百科"栏目的分享量较高，分别占比40.54%、13.36%、9.94%（表3-13和图3-16）。"科普中国"信息员2023年度对"头条""健康""生活百科"三个栏目的内容较为感兴趣，三个栏目在2023年度"科普中国"信息员的分享量和年度评论量中占比总量达到60%以上。

表 3-13　2023 年"科普中国"信息员分主题评论量

序号	栏目	评论量 / 万次	评论量占比 /%
1	头条	1 336.90	40.54
2	健康	440.41	13.36
3	生活百科	327.74	9.94
4	科教	278.47	8.44
5	博物	243.88	7.40
6	前沿科技	212.36	6.44
7	天文地理	187.46	5.68
8	应急科普	88.41	2.68
9	人物	56.23	1.71
10	智农	37.66	1.14
11	其他	30.93	0.94
12	军事	26.92	0.82
13	社区	18.80	0.57
14	科幻	11.21	0.34
15	辟谣	0.17	0.01
	总计	3 297.56	

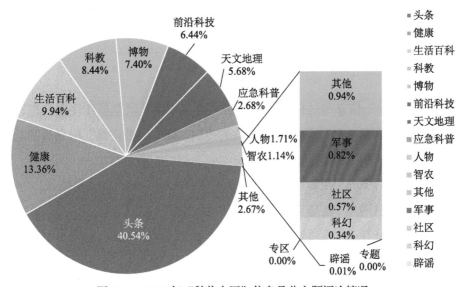

图 3-16　2023 年"科普中国"信息员分主题评论情况

二、"科普中国"信息员的活动特点

（一）"科普中国"信息员活性

"科普中国"信息员活性是指"科普中国"信息员在注册后仍旧保持登陆且使用"科普中国"APP的比例，即月活人数／"科普中国"信息员总量。由图3-17可知，整体"科普中国"信息员的活性较低，月活人数基本维持在注册人数的8%以下。2023年2月达到了最低值，最低时月活人数仅为注册人数的3.19%，整体活性随时间增长。上半年"科普中国"信息员的活性较低，一度维持在5%以下。8月之后是活性较高的时段，维持在7%左右。11月是2023年"科普中国"信息员活性的峰值，达到7.38%。

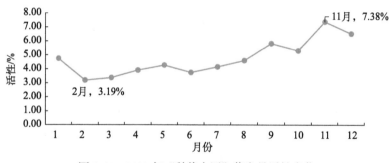

图3-17 2023年"科普中国"信息员活性变化

（二）"科普中国"信息员传播能力分析

"科普中国"信息员的传播能力是指"科普中国"信息员在注册后进行分享的次数与"科普中国"信息员总人数的比例，即"科普中国"信息员的总分享量／"科普中国"信息员总人数。

由图3-18可知，用户的平均月传播量在13次以下，也就是说，平均每一位"科普中国"信息员在当月的传播次数一般在13次以下。2023年11月是"科普中国"信息员在当月的传播次数的峰值，达到了12.45次（人·月）。

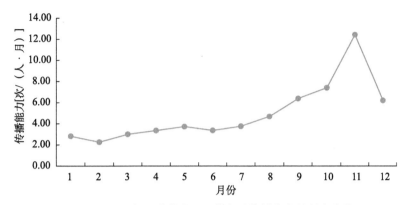

图 3-18 2023 年 "科普中国" 信息员传播能力的月度变化

下 篇

互联网平台科普数据报告

互联网平台是指以互联网为技术基础的各类网络服务支持系统和网络服务活动平台，是指在线发布、呈现和传播文字、图片、音频、视频等信息的网络媒介，可以为科普信息提供存储、传输和交流空间，保障科普内容持续产出并到达用户。互联网平台科普数据报告从科普的平台化环境、科普创作者的活动、科普内容的生产和传播等层面分析与呈现抖音、西瓜视频、今日头条和B站等大型互联网平台上的科普生态及其发展现状。

第四章 ■■■■■■
互联网平台内容资源报告

本章对抖音集团旗下的抖音、西瓜视频、今日头条三个平台和 B 站平台上的科普视频、科普图文的发布量、播放量与互动量等数据进行分析，依据平台内容标签与关键词，向中国科普研究所提供九大类科普主题词作为关键词进行抓取，数据采集时间段为 2023 年 1～12 月。九大类科普主题分别为：航空航天、能源利用、气候与环境、前沿技术、食品安全、信息科技、医疗健康、应急避险和科普活动。

第一节 抖音、西瓜视频、今日头条平台内容资源数据报告

一、抖音、西瓜视频、今日头条平台数据分析

（一）抖音平台科普视频数据分析

1.抖音平台视频内容发布量情况

2023 年，抖音平台视频科普内容月发布量呈上升趋势。从 6 月开始，每月的内容发布量的上升趋势增大（图 4-1）。

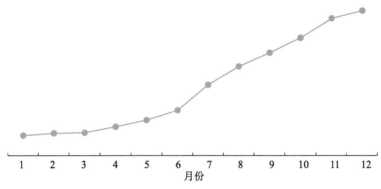

图 4-1　2023 年抖音平台视频科普内容月度发布量趋势

注：图中只展示变化趋势，不显示具体数值，后同。

2023 年抖音平台新发布的"前沿技术"与"食品安全"主题的视频总量最高。其中，"前沿技术"主题视频发布量在所采数据周期内有 8 个月的时间占据第一。其余 4 个月，发布数量位列第一的是"食品安全"主题视频。综合所有主题视频每月的产出量，最高值出现在 10 月的"前沿技术"主题（图 4-2）。

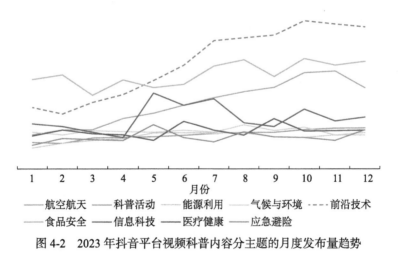

图 4-2　2023 年抖音平台视频科普内容分主题的月度发布量趋势

2. 抖音平台视频内容播放量情况

2023 年抖音平台视频科普内容播放量呈逐步上升的趋势，其中 5 月是整体播放量快速攀升的起始节点，10 月至年末，各月度涨幅平稳（图 4-3）。

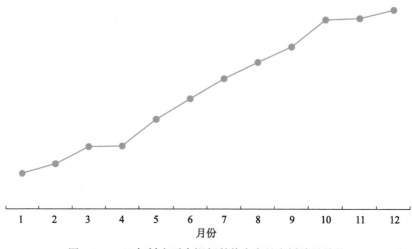

图 4-3　2023 年抖音平台视频科普内容月度播放量趋势

2023 年抖音平台"前沿技术"与"食品安全"主题的视频播放量较高。其中，"前沿技术"主题的视频播放量连续 6 个月占据第一。"食品安全"主题的视频播放量占据第二。综合所有内容主题每月的视频播放量，最高值出现在 9 月的"前沿技术"主题（图 4-4）。

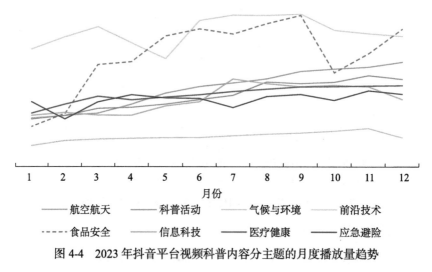

图 4-4　2023 年抖音平台视频科普内容分主题的月度播放量趋势

3. 抖音平台视频内容互动量情况

2023 年，抖音平台科普视频内容互动量与内容发布量增长呈正相关态势，逐步波动式增长（图 4-5）。

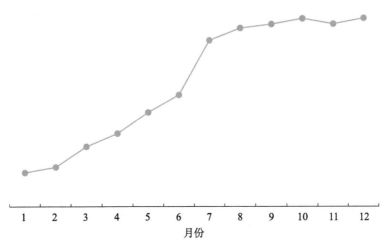

图 4-5 2023 年抖音平台视频科普内容月度互动量趋势

　　2023 年抖音平台发布的"前沿技术"与"食品安全"主题内容互动量较高。其中，"前沿技术"内容互动量在 2023 年中有 8 个月的时间占据第一。其余 4 个月，"食品安全"主题内容互动量占据第一。综合所有主题内容的月度互动量，最高值出现在 9 月的"前沿技术"主题（图 4-6）。

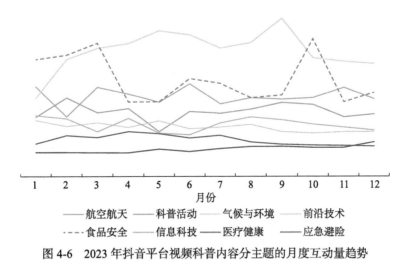

图 4-6 2023 年抖音平台视频科普内容分主题的月度互动量趋势

（二）西瓜视频平台科普视频数据分析

1. 西瓜视频平台内容发布量情况

2023 年，西瓜视频平台科普视频内容发布量整体呈逐步上升趋势（图 4-7）。

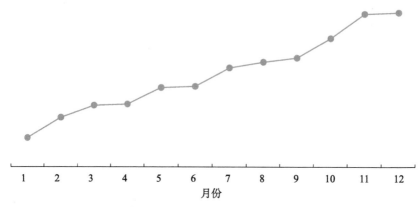

图4-7 2023年西瓜视频平台视频科普内容月度发布量趋势

2023年西瓜视频平台新发布的"前沿技术"与"医疗健康"主题的视频数量较高。"前沿技术"主题在2023年中有7个月的时间占据第一。其余5个月，"医疗健康"主题的视频发布量占据第一。综合所有内容主题每月的发布量，最高值出现在8月的"前沿技术"主题（图4-8）。

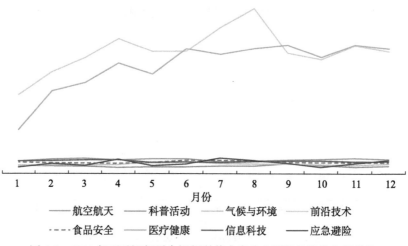

图4-8 2023年西瓜视频平台视频科普内容分主题的月度发布量趋势

2.西瓜视频平台内容播放量情况

2023年西瓜视频平台科普的内容播放量呈现波动发展态势（图4-9）。

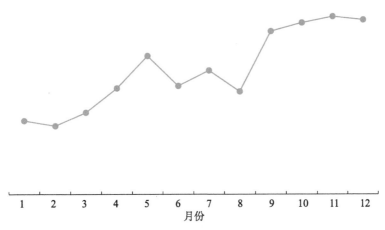

图 4-9　2023 年西瓜视频平台视频科普内容月度播放量趋势

2023 年西瓜视频平台科普内容"前沿技术"与"医疗健康"主题的视频播放量较高。其中,"前沿技术"主题的视频播放量在 8 个月的时间里持续占据第一。"医疗健康"主题的视频播放量占据第二。相比"前沿技术""医疗健康",其他主题的视频播放量均较少。"信息科技"主题的视频播放量在 3~5 月有所增长,排名第三位。综合所有内容主题每月的视频播放量,最高值出现在 8 月的"前沿技术"主题(图 4-10)。

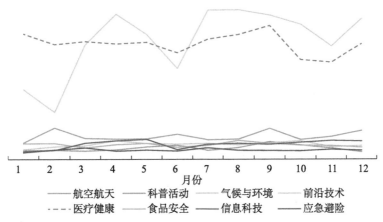

图 4-10　2023 年西瓜视频平台视频科普内容分主题的月度视频播放量趋势

3. 西瓜视频平台内容互动量情况

2023 年,西瓜视频科普内容互动量稳中有涨(图 4-11)。

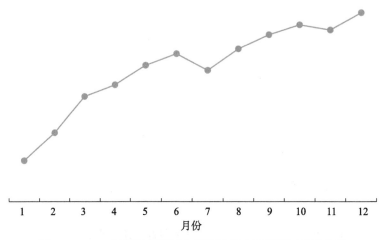

图4-11　2023年西瓜视频平台视频科普内容月度互动量趋势

　　2023年西瓜视频平台发布的"前沿技术"主题内容互动量较高。"前沿技术"主题内容互动量在全年中有5个月占据第一。综合所有内容主题每月的互动量，互动量的最高值出现在5月的"前沿技术"主题（图4-12）。

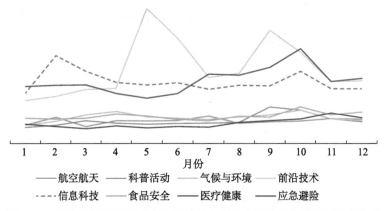

图4-12　2023年西瓜视频平台视频科普内容分主题的月度视频互动量趋势

（三）今日头条平台图文科普数据分析

1.今日头条平台图文内容发布量情况

　　2023年，今日头条平台图文内容发布量呈上升趋势，1～7月的发布量逐步上升，8～12月的发布量缓幅下降，全年度相关作品发布最高值出现在7月（图4-13）。

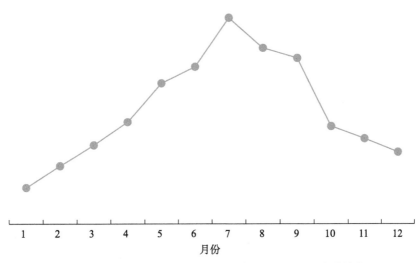

图 4-13　2023 年今日头条平台图文科普内容月度发布量趋势

2023 年今日头条平台新发布的"医疗健康"与"信息科技"图文科普内容数量较高。其中,"医疗健康"主题内容在全年中有 8 个月的时间占据第一。其余 4 个月,发布量位列第一的为"信息科技"主题内容。"前沿技术"图文科普内容的发布量在全年各月皆排名第三。综合所有内容主题每月的发布量,发布量的最高值出现在 8 月的"医疗健康"主题(图 4-14)。

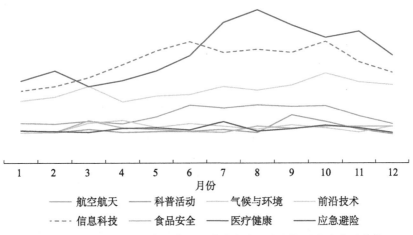

图 4-14　2023 年今日头条平台图文科普内容分主题的月度发布量趋势

2. 今日头条平台图文内容阅读量情况

2023 年,今日头条平台图文科普内容阅读量呈现波动趋势(图 4-15)。

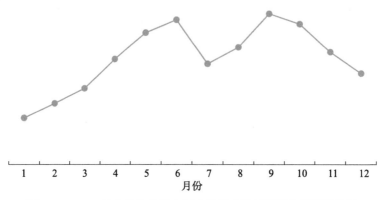

图 4-15　2023 年今日头条平台图文科普内容月度图文阅读量趋势

2023 年，今日头条平台的"医疗健康"与"信息科技"图文科普内容阅读量较高。"医疗健康"主题内容的阅读量在全年中稳定占据第一位。"信息科技"主题内容的阅读量稳定排名第二位。"前沿技术"图文科普内容的阅读量在全年中有 10 个月排名第三位。综合所有内容主题每月的阅读量，最高值出现在 9 月的"医疗健康"主题（图 4-16）。

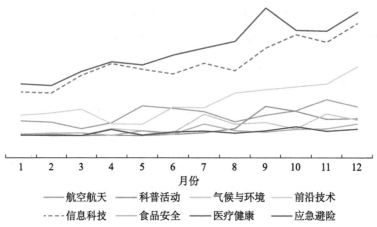

图 4-16　2023 年今日头条平台图文科普内容分主题的月度图文阅读量趋势

3. 今日头条平台科普图文内容互动量情况

2023 年，今日头条平台科普图文的内容互动量呈现波动趋势（图 4-17）。

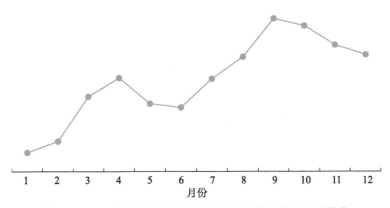

图 4-17　2023 年今日头条平台图文科普内容月度互动量趋势

　　2023 年，今日头条平台新发布的"医疗健康"与"信息科技"图文科普内容互动量较高。"医疗健康"图文科普内容互动量在全年中占据第一位。"信息科技"图文科普内容的互动量稳定占据第二位。"前沿技术"内容的互动量稳定占据第三位。综合所有图文科普内容主题每月的互动量，最高值出现在 9 月的"医疗健康"主题（图 4-18）。

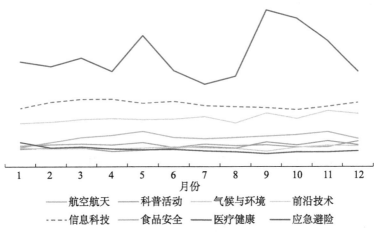

图 4-18　2023 年今日头条平台图文科普内容分主题的月度互动量趋势

　　综合三个平台 2023 年各月在发布量、播放量 / 阅读量、互动量中的最高主题发现，不同平台对不同主题的关注度不同。抖音平台更关注"前沿技术""食品安全"主题，西瓜视频更关注"前沿技术""医疗健康""信息科技"主题，今日头条平台更关注"医疗健康""信息科技"主题（表 4-1）。

表 4-1　2023 年抖音、西瓜视频和今日头条各月最高主题分布表

平台	内容指标	1月	2月	3月	4月	5月	6月	7月	8月	9月	10月	11月	12月
抖音	发布量	食品安全	食品安全	食品安全	食品安全	前沿技术	前沿技术	前沿技术	前沿技术	前沿技术	前沿技术	前沿技术	前沿技术
	播放量	前沿技术	前沿技术	前沿技术	前沿技术	食品安全	前沿技术	前沿技术	前沿技术	前沿技术	前沿技术	前沿技术	食品安全
	互动量	食品安全	食品安全	食品安全	前沿技术	前沿技术	前沿技术	前沿技术	前沿技术	前沿技术	食品安全	前沿技术	前沿技术
西瓜视频	发布量	前沿技术	前沿技术	前沿技术	前沿技术	前沿技术	医疗健康	前沿技术	前沿技术	医疗健康	医疗健康	医疗健康	医疗健康
	播放量	医疗健康	医疗健康	医疗健康	前沿技术	前沿技术	前沿技术	医疗健康	前沿技术	前沿技术	前沿技术	前沿技术	前沿技术
	互动量	医疗健康	信息科技	信息科技	信息科技	前沿技术	前沿技术	医疗健康	前沿技术	前沿技术	医疗健康	前沿技术	医疗健康
今日头条	发布量	医疗健康	医疗健康	信息科技	信息科技	信息科技	信息科技	医疗健康	医疗健康	医疗健康	医疗健康	医疗健康	医疗健康
	阅读量	医疗健康	医疗健康	医疗健康	医疗健康	医疗健康	医疗健康	医疗健康	医疗健康	医疗健康	医疗健康	医疗健康	医疗健康
	互动量	医疗健康	医疗健康	医疗健康	医疗健康	医疗健康	医疗健康	医疗健康	医疗健康	医疗健康	医疗健康	医疗健康	医疗健康

二、抖音、西瓜视频、今日头条平台创作者画像报告

（一）抖音平台的科普创作者画像分析

1. 抖音平台科普创作者中男性超六成

抖音平台科普创作者中男性较多，占 68.12%，女性创作者占 31.88%（图 4-19）。

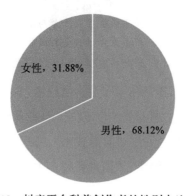

图 4-19　抖音平台科普创作者的性别占比情况

2. 抖音平台科普创作者中 31～40 岁人群占比最高

抖音平台科普创作者年龄占比最高的为 31～40 岁人群，占比 41.39%。其次是 24～30 岁人群，占比 36.91%。占比最低的为 50 岁以上人群，占比 5.22%（图 4-20）。

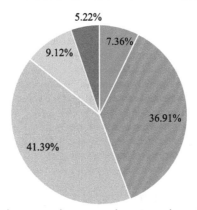

■ 18～23岁 ■ 24～30岁 ■ 31～40岁 ■ 41～50岁 ■ 50岁以上

图 4-20 抖音平台科普创作者的年龄占比情况

3. 新一线城市抖音平台科普创作者占比最高

从城市级别分布来看，新一线城市①的抖音平台科普创作者占比最高，为 27.92%。其次是二线、三线与一线城市，占比均超过 15%。占比最低的为六线及以下城市，仅占比 0.54%（图 4-21）。

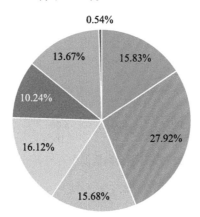

■ 一线城市 ■ 新一线城市 ■ 二线城市 ■ 三线城市 ■ 四线城市
■ 五线城市 ■ 六线及以下城市

图 4-21 抖音平台科普创作者的城市分级占比情况

---

① 新一线城市包括成都、重庆、杭州、武汉、苏州、西安、南京、长沙、天津、郑州、东莞、青岛、昆明、宁波和合肥。

4.广东省、河南省、山东省的抖音平台科普创作者占比位列前三

从省份分布来看，广东省的抖音平台科普创作者占比最高，为10.06%。其次是河南省，占比8.13%。第三名是山东省，占比7.71%（图4-22）。

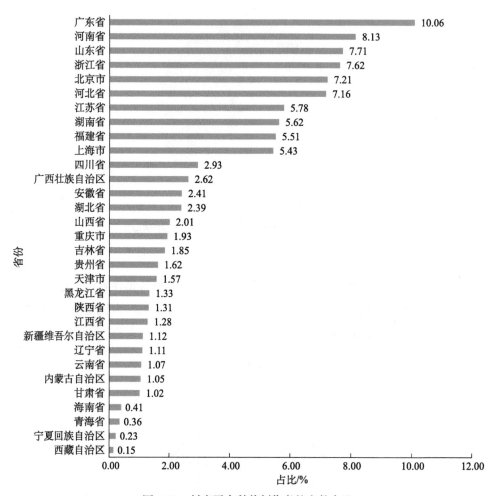

图4-22　抖音平台科普创作者的省份占比

（二）西瓜视频和今日头条平台的科普创作者画像分析

1.西瓜视频和今日头条平台的科普创作者中男性超七成

从性别角度看，西瓜视频和今日头条平台的科普创作者大多数为男性，占比75.36%。女性占比24.64%（图4-23）。

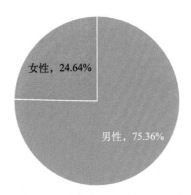

图 4-23　西瓜视频和今日头条平台的科普创作者性别占比情况

2. 西瓜视频和今日头条平台科普创作者中 31～40 岁群体与 24～30 岁群体均占比较高

西瓜视频和今日头条平台科普创作者中，31～40 岁群体与 24～30 岁群体均占比较高，其中 31～40 岁群体占比 38.57%，24～30 岁群体占比 31.08%。占比最低的为 50 岁以上群体，为 2.51%（图 4-24）。

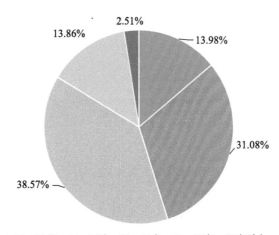

■ 18～23岁　■ 24～30岁　■ 31～40岁　■ 41～50岁　■ 50岁以上

图 4-24　西瓜视频和今日头条平台的科普创作者年龄占比情况

3. 新一线、一线、二线城市的西瓜视频和今日头条的平台科普创作者数量排名前三

从城市级别分布来看，西瓜视频和今日头条平台的科普创作者分布情况较为平均，其中新一线城市占比最高，为 30.16%。六线及以下城市占比最低，为 1.62%（图 4-25）。

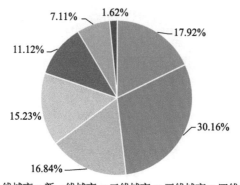

■ 一线城市	■ 新一线城市	■ 二线城市	■ 三线城市	■ 四线城市
■ 五线城市	■ 六线及以下城市	

图 4-25　西瓜视频和今日头条平台的科普创作者城市分级占比情况

4. 广东省、北京市、山东省的西瓜视频和今日头条平台科普创作者占比位列前三

从省份分布来看，广东省占比最高，为 11.39%。其次是北京市，占比10.12%。第三名是山东省，占比 9.62%（图 4-26）。

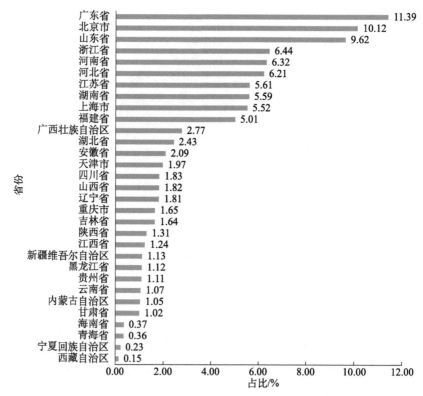

图 4-26　西瓜视频和今日头条平台的科普创作者省份占比情况

三、抖音、西瓜视频、今日头条平台科普兴趣用户[①]画像报告

(一)抖音平台的科普兴趣用户画像分析

1.抖音平台科普兴趣用户中男性居多

抖音平台科普兴趣用户性别呈现男女比例相近、男性较多的情况,男性科普兴趣用户占比 53.98%,女性科普兴趣用户占比 46.02%(图 4-27)。

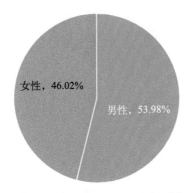

图 4-27 抖音平台科普兴趣用户的性别占比情况

2.抖音平台科普兴趣用户中 31～40 岁人群占比最高

从年龄占比来看,抖音平台科普兴趣用户年龄呈现以 31～40 岁人群占比最高的情况,占比 35.42%。其次是 24～30 岁人群,占比 21.06%。占比最低的为 50 岁以上人群,占比 11.49%(图 4-28)。

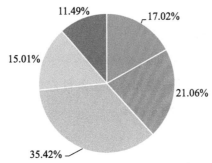

■ 18～23岁 ■ 24～30岁 ■ 31～40岁 ■ 41～50岁 ■ 50岁以上

图 4-28 抖音平台科普兴趣用户的年龄占比情况

---

① 兴趣用户是指点赞科普创作者发布的视频两次及以上的用户。

3.三线城市的抖音平台科普兴趣用户占比最高

从城市级别分布来看，三线城市的抖音平台科普兴趣用户占比最高，为25.81%。其次是新一线、二线与一线城市。占比最低的为六线及以下城市，仅占比0.94%（图4-29）。

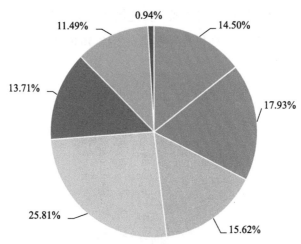

图4-29　抖音平台科普兴趣用户的城市分级占比情况

4.广东省、江苏省、山东省的抖音平台科普兴趣用户占比位列前三

按省份分布来看，广东省的抖音平台科普兴趣用户占比最高，为12.05%。其次是江苏省，占比10.17%。第三是山东省，占比9.63%（图4-30）。

（二）西瓜视频和今日头条科普兴趣用户画像分析

1.西瓜视频和今日头条科普兴趣用户中男性占六成

从性别角度来看，西瓜视频和今日头条科普兴趣用户中男性居多，占比60.04%。女性占比39.96%（图4-31）。

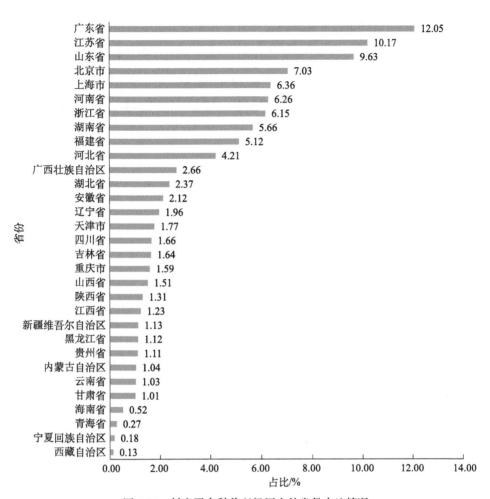

图 4-30　抖音平台科普兴趣用户的省份占比情况

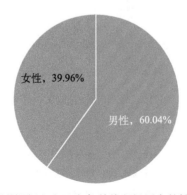

图 4-31　西瓜视频和今日头条科普兴趣用户的性别分布情况

2. 31～40岁群体在西瓜视频和今日头条科普兴趣用户中占比接近四成

从年龄段来看，31～40岁群体在西瓜视频和今日头条科普兴趣用户中排名第一，占比达到36.53%。其中24～30岁群体、41～50岁群体和50岁以上群体的占比基本相当，分别是17.96%、17.51%和17.14%。占比最低的为18～23岁群体，占比10.86%（图4-32）。

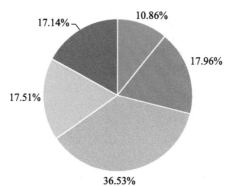

图 4-32　西瓜视频和今日头条科普兴趣用户的年龄分布情况

3. 三线城市的西瓜视频和今日头条科普兴趣用户占比最高

从城市级别分布来看，三线城市的西瓜视频和今日头条科普兴趣用户占比最高，为25.61%。其次是一线、四线与新一线城市，占比均超过15%。占比最低的为六线及以下城市，仅占比0.68%（图4-33）。

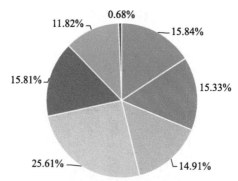

图 4-33　西瓜视频和今日头条科普兴趣用户的城市分级分布情况

4. 广东省、江苏省、山东省的西瓜视频和今日头条科普兴趣用户占比位列前三

按省份分布来看，广东省的西瓜视频和今日头条科普兴趣用户占比最高，为 12.62%。其次是江苏省，占比 10.17%。第三名是山东省，占比 10.05%（图 4-34）。

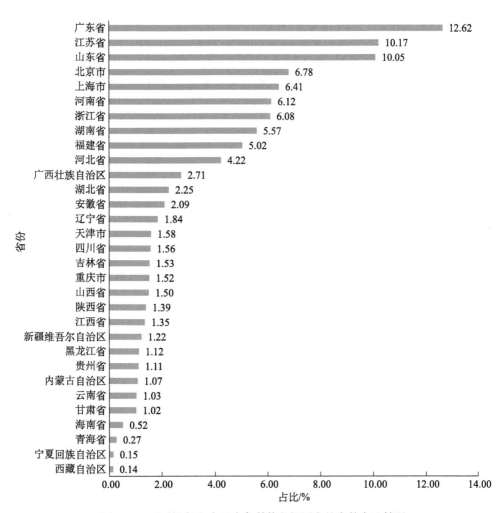

图 4-34　西瓜视频和今日头条科普兴趣用户的省份占比情况

第二节 B站平台科普内容资源数据报告

一、B站平台视频数据分析

（一）B站平台视频科普内容的发布量情况

2023年，B站平台视频科普内容发布量呈波动趋势（图4-35）。

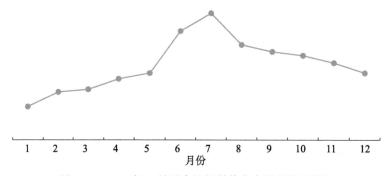

图4-35　2023年B站平台视频科普内容月度发量趋势

2023年B站平台新发布的"前沿技术"与"航空航天"类视频总量最高。其中，"前沿技术"内容在所采数据周期内有8个月的时间占据第一。其余4个月，发布数量占据第一的是"航空航天"主题内容。综合所有内容主题每月的产出量，产出的最高值出现在5月的"前沿技术"内容（图4-36）。

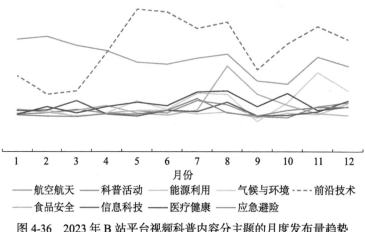

图4-36　2023年B站平台视频科普内容分主题的月度发布量趋势

（二）B站平台视频内容的播放量情况

2023 年，B 站平台视频科普内容播放量呈波动趋势，其中 5 月是整体播放量年度高峰（图 4-37）。

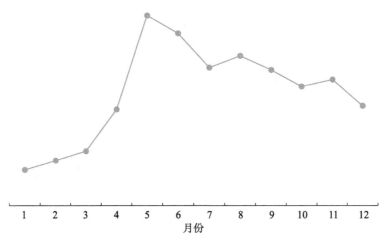

图 4-37　2023 年 B 站平台视频科普内容月度播放量趋势

2023 年，B 站平台的"前沿技术"与"航空航天"主题内容播放量较高。其中，"前沿技术"主题内容播放量在全年度占据第一位，"航空航天"主题内容的播放量占据第二位。综合所有内容主题每月的视频播放量，播放量的最高值出现在 5 月的"前沿技术"主题（图 4-38）。

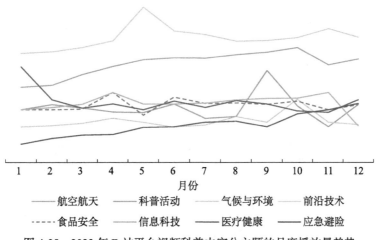

图 4-38　2023 年 B 站平台视频科普内容分主题的月度播放量趋势

（三）B 站平台视频内容互动量

2023 年，B 站平台视频科普内容互动量与内容发布量增长呈正相关态势（图 4-39）。

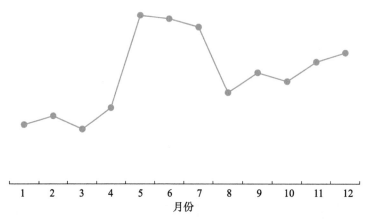

图 4-39　2023 年 B 站平台视频科普内容月度互动量趋势

2023 年，B 站平台发布的"前沿技术"与"航空航天"主题视频互动量较高。其中，"前沿技术"主题视频互动量全年占据第一位。综合所有主题内容的月度互动量，互动量的最高值出现在 5 月的"前沿技术"主题（图 4-40）。

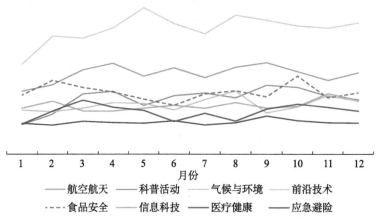

图 4-40　2023 年 B 站平台视频科普内容分主题的月度互动量趋势

综合 2023 年各月在发布量、播放量、互动量中的最高主题可以发现，B 站平台更关注"前沿技术"和"航空航天"主题（表 4-2）。

表 4-2　2023 年 B 站平台各月最高主题分布表

内容指标	1月	2月	3月	4月	5月	6月	7月	8月	9月	10月	11月	12月
发布量	航空航天	航空航天	航空航天	航空航天	前沿技术	前沿技术	前沿技术	前沿技术	前沿技术	前沿技术	前沿技术	前沿技术
播放量	前沿技术	前沿技术	前沿技术	前沿技术	前沿技术	前沿技术	前沿技术	前沿技术	前沿技术	前沿技术	前沿技术	前沿技术
互动量	前沿技术	前沿技术	前沿技术	前沿技术	前沿技术	前沿技术	前沿技术	前沿技术	前沿技术	前沿技术	前沿技术	前沿技术

二、B 站视频平台创作者画像报告

1. B 站平台科普创作者中男性超六成

B 站平台科普创作者呈现男性较多的情况，占比 60.28%，女性创作者占比 39.72%（图 4-41）。

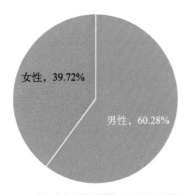

图 4-41　B 站平台科普创作者的性别占比情况

2. B 站平台科普创作者中 24～30 岁人群占比最高

B 站平台科普创作者呈现以 24～30 岁人群占比最高的情况，占比 47.08%。其次是 31～40 岁人群，占比 36.32%。占比最低的为 50 岁以上人群，占比 1.61%（图 4-42）。

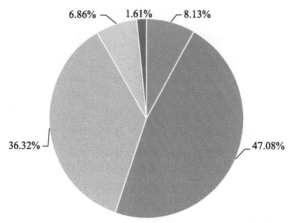

图 4-42　B 站平台科普创作者的年龄占比情况

3. 二线城市 B 站平台科普创作者占比最高

按城市级别分布来看，二线城市的 B 站平台科普创作者占比最高，为 21.82%。其次是新一线、一线与三线城市，占比均超过 16%。占比最低的为六线及以下城市，仅占比 1.86%（图 4-43）。

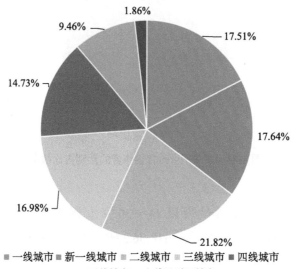

图 4-43　B 平台科普创作者的城市分级占比情况

4. 广东省、浙江省、山东省的 B 站平台科普创作者占比位列前三

按省份分布来看，广东省的 B 站平台科普创作者占比最高，为 11.37%。

其次是浙江省，占比 10.02%。第三名是山东省，占比 9.21%（图 4-44）。

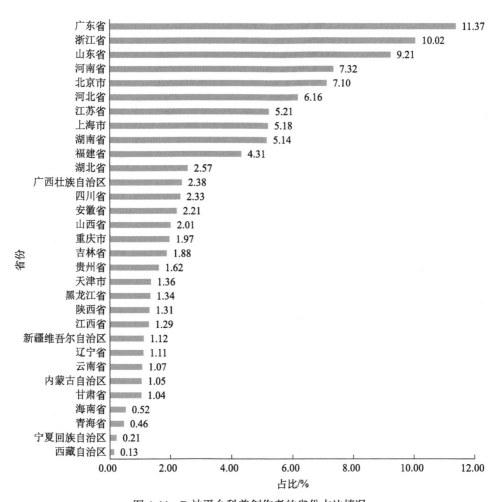

图 4-44　B 站平台科普创作者的省份占比情况

三、B 站视频平台兴趣用户画像报告

1. B 站平台科普兴趣用户中男性居多

B 站平台科普兴趣用户中男性用户占比较高，为 61.36%，女性兴趣用户占比 38.64%（图 4-45）。

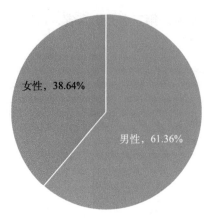

图 4-45　B 站平台科普兴趣用户的性别占比情况

2. B 站平台科普兴趣用户中 24～30 岁人群占比最高

B 站平台科普兴趣用户年龄呈现以 24～30 岁人群占比最高的情况，占比 33.13%。其次是 31～40 岁人群，占比 30.21%。占比最低的为 50 岁以上人群，占比 9.48%（图 4-46）。

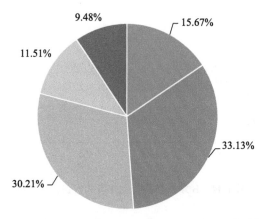

■ 18～23岁 ■ 24～30岁 ■ 31～40岁 ■ 41～50岁 ■ 50岁以上

图 4-46　B 站平台科普兴趣用户的年龄占比情况

3. 二线城市 B 站平台科普兴趣用户占比最高

按城市级别分布来看，二线城市的 B 站平台科普兴趣用户占比最高，为 23.49%。其次是新一线、一线与三线城市。占比最低的为六线及以下城市，仅占比 0.73%（图 4-47）。

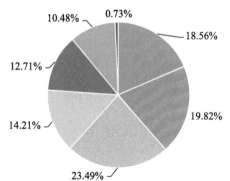

图 4-47　B 站平台科普兴趣用户的城市分级占比情况

4. 广东省、浙江省、江苏省的 B 站平台科普兴趣用户占比位列前三

按省份分布来看，广东省的 B 站平台科普兴趣用户占比最高，为 11.12%。其次是浙江省，占比 10.15%。第三名是江苏省，占比 9.76%（图 4-48）。

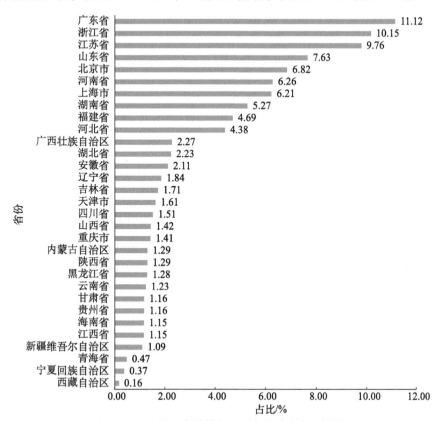

图 4-48　B 站平台科普兴趣用户的城市占比情况

第三节 抖音、B 站平台内容资源数据对比报告

一、抖音、B 站视频内容发布量对比分析

2023 年，在总体发布数量上，抖音平台的数据总量超过 B 站平台，该部分数据差异主要源自两个平台整体活跃用户数量的差异。在全年涨幅趋势方面，抖音平台呈现逐月递增态势，B 站呈现先增长后回落趋势（图 4-49）。

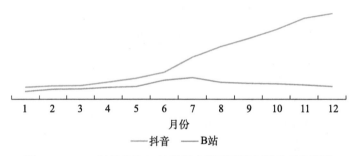

月份

———抖音 ———B站

图 4-49 2023 年抖音和 B 站科普内容月度发布量的对比情况

二、抖音、B 站视频内容播放量对比分析

2023 年，抖音视频科普内容的月播放量呈稳定上升趋势；B 站视频科普内容的月播放量呈周期性起伏波动，其中 5 月为播放量最高峰。对两个平台的相关情况进行对比后可以发现，抖音平台的播放量要高于 B 站平台的，其数据差异与两个平台的用户基础呈正相关（图 4-50）。

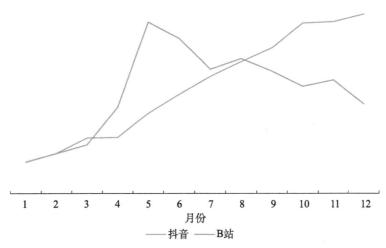

图 4-50　2023 年抖音和 B 站科普内容月度播放量的对比情况

三、抖音、B 站视频内容播放量对比分析

2023 年，抖音视频科普内容的月互动量呈稳定上升趋势；B 站视频科普内容的互动量呈周期性起伏波动，其中 5 月为互动量最高峰。对两个平台的相关情况进行对比后可以发现，抖音平台的科普视频类目整体互动量高于 B 站平台的，其数据差异与两个平台的用户基础呈正相关（图 4-51）。

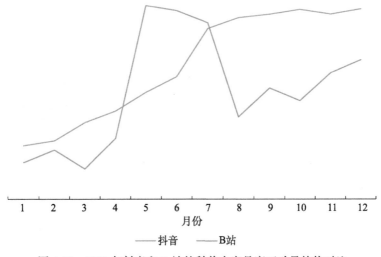

图 4-51　2023 年抖音和 B 站的科普内容月度互动量趋势对比

四、抖音、B 站视频平台科普视频创作者数据对比分析

（一）抖音、B 站科普内容视频创作者的年龄分布情况

2023 年，抖音平台科普内容视频创作者以中年为主，集中于 31～40 岁的群体，占比 41.39%；B 站平台科普内容视频创作者以青年为主，集中于 24～30 岁的群体，占比 47.08%（图 4-52）。

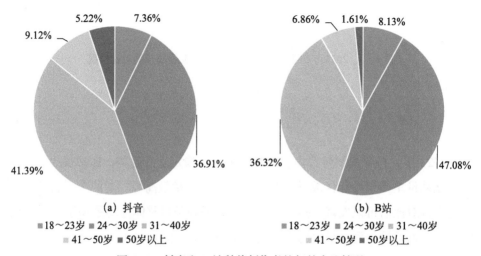

(a) 抖音

■18～23岁 ■24～30岁 ■31～40岁
■41～50岁 ■50岁以上

(b) B站

■18～23岁 ■24～30岁 ■31～40岁
■41～50岁 ■50岁以上

图 4-52　抖音和 B 站科普创作者的年龄占比情况

（二）抖音、B 站科普内容视频创作者的城市分布情况

2023 年，抖音平台科普内容视频创作者主要分布在新一线城市，占比 27.92%；B 站平台科普内容视频创作者主要分布在二线城市，占比 21.82%（图 4-53 ）。

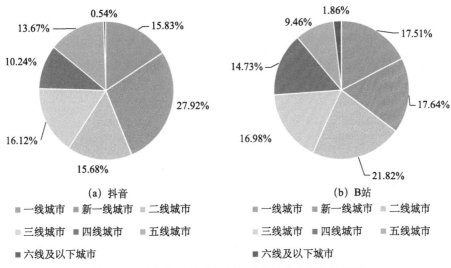

图 4-53 抖音和 B 站科普创作者的城市分级占比情况

（三）抖音、B 站视频平台科普视频兴趣用户数据对比分析

1. 抖音、B 站科普内容视频兴趣用户年龄分布情况

2023 年，抖音平台科普内容视频兴趣用户以中年为主，集中于 31～40 岁的群体，占比 35.42%；B 站平台科普内容视频兴趣用户以青年为主，集中于 24～30 岁的群体，占比 33.13%（图 4-54）。

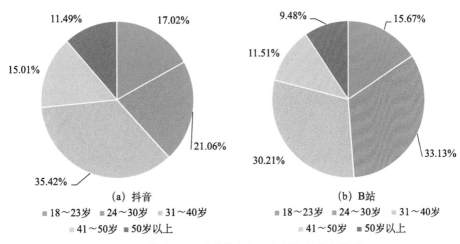

图 4-54 抖音和 B 站科普兴趣用户的年龄占比情况

2. 抖音、B 站科普内容视频兴趣用户的城市分布情况

2023 年，抖音平台科普内容视频兴趣用户主要分布在三线城市，占比 25.81%；B 站平台科普内容视频兴趣用户主要分布在二线城市，占比 23.49%（图 4-55）。

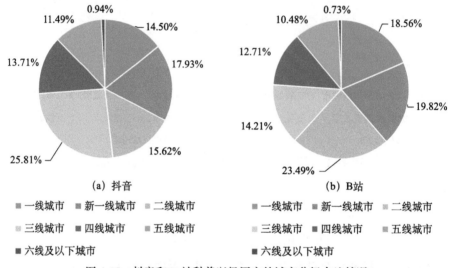

(a) 抖音

■ 一线城市　■ 新一线城市　■ 二线城市
■ 三线城市　■ 四线城市　■ 五线城市
■ 六线及以下城市

(b) B站

■ 一线城市　■ 新一线城市　■ 二线城市
■ 三线城市　■ 四线城市　■ 五线城市
■ 六线及以下城市

图 4-55　抖音和 B 站科普兴趣用户的城市分级占比情况

第五章 ■■■■■■
B 站平台用户与创作者分析报告

本章数据由中国科普研究所与 B 站平台合作,其中中国科普研究所提供 B 站平台数据分析框架,B 站平台提供数据,数据时间范围为 2023 年 1～12 月。将知识作为一级分类,将科普内容作为二级分类,针对科学科普相关数据开展以下分析。

第一节 视频内容与传播数据分析报告

一、科普内容月度发布视频数据

B 站平台科学科普二级分区月度发布视频量呈现一定的波动趋势。从 1 月的 198 167 次开始上升,到 3 月达到一个高峰为 319 358 次,之后有所下降,6 月降至 264 648 次,随后又波动式上升,到 12 月达到 321 301 次(表 5-1)。整体反映出视频发布量并非稳定增长或下降,而是有起伏变化的趋势(图 5-1)。

表 5-1　科学科普二级分区月度发布视频量

月份	发布视频量/次	月份	发布视频量/次	月份	发布视频量/次
1 月	198 167	5 月	301 244	9 月	266 202
2 月	237 162	6 月	264 648	10 月	277 657
3 月	319 358	7 月	275 622	11 月	301 297
4 月	290 504	8 月	271 185	12 月	321 301

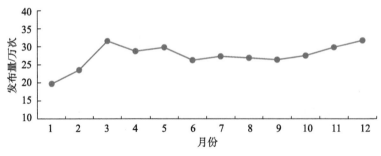

图 5-1　2023 年科学科普二级分区的月度发布视频量

二、科普视频互动数据

（一）科普视频播放量呈现波动上升趋势

科普视频播放量总体呈现波动上升趋势。1～2 月从 17.55 亿次降至 15.59 亿次，2～7 月持续上升至 7 月达到高峰值 27.93 亿次，7～9 月下降至 20.40 亿次，9～12 月又上升至 26.02 亿次（图 5-2）。

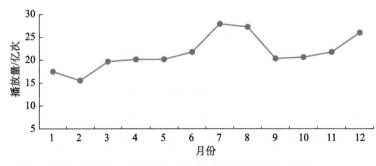

图 5-2　2023 年科普视频播放量月度变化趋势

（二）科普视频点赞量与播放量趋势相近

科普视频点赞量整体呈波动上升态势。1～2 月从 5617.77 万次降至 4436.98 万次，2～8 月上升至 7790.78 万次，8～9 月下降至 5426.12 万次，9～12 月再次上升到 7588.06 万次（图 5-3）。

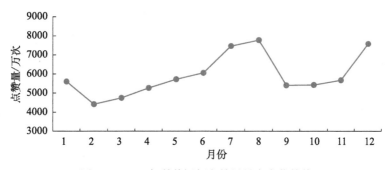

图 5-3　2023 年科普视频点赞量月度变化趋势

（三）科普视频收藏量波动变化较大

科普视频收藏量呈现波动变化趋势，有升有降。1～2 月从 1563.81 万次降至 1407.41 万次，2～8 月上升至 2520.25 万次，8～9 月下降至 1912.70 万次，9～12 月又上升到 2385.14 万次（图 5-4）。

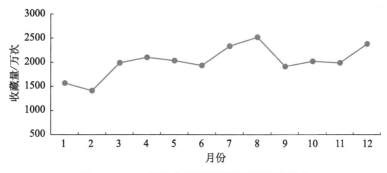

图 5-4　2023 年科普视频收藏量月度变化趋势

（四）科普视频评论量上升趋势稳定

科普视频评论量波动变化趋势明显。1～2 月从 252.20 万次降至 204.69 万次，2～8 月上升至 391.12 万次，8～10 月下降至 276.01 万次，10～12 月上升至 303.60 万次（图 5-5）。

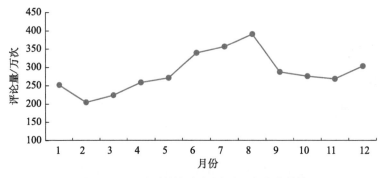

图 5-5　2023年科普视频评论量月度变化趋势

（五）科普视频分享量全年呈波动变化趋势

科普视频分享量呈波动变化趋势。1～2月从519.36万次降至405.57万次，2～8月上升至580.10万次，8～9月下降为479.97万次，9～12月上升到520.79万次（图5-6）。

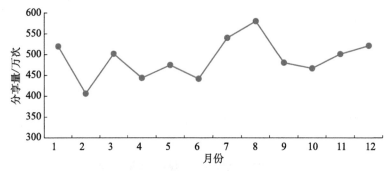

图 5-6　科普视频分享量的月度变化趋势

2023年，科普视频的互动量月度数据如表5-2所示。

表 5-2　2023年科普视频互动量月度数据

月份	播放量／亿次	点赞量／万次	收藏量／万次	评论量／万次	分享量／万次
1月	17.55	5617.77	1563.81	252.20	519.36
2月	15.59	4436.98	1407.41	204.69	405.57
3月	19.72	4770.40	1988.37	224.26	501.51
4月	20.17	5280.57	2101.37	258.98	443.21
5月	20.22	5739.47	2034.70	271.53	474.17

续表

月份	播放量/亿次	点赞量/万次	收藏量/万次	评论量/万次	分享量/万次
6月	21.78	6076.32	1932.51	339.42	441.20
7月	27.93	7481.17	2335.93	356.76	540.02
8月	27.25	7790.78	2520.25	391.12	580.10
9月	20.40	5426.12	1912.70	287.48	479.97
10月	20.51	5443.11	2020.84	276.01	466.01
11月	21.80	5686.35	1989.71	268.69	500.54
12月	26.02	7588.06	2385.14	303.60	520.79

三、头部视频传播相关数据

这里将播放量在 900 万次以上的科普视频作为头部科普视频进行分析。与科普视频平均传播数据相比，头部科普视频数据显示出明显的头部效应。

（一）整体播放量情况

播放量在 900 万次以上的科普视频共有 29 个，整体播放量较高，说明这些科普视频内容具有一定的吸引力和受众基础。其中播放量最高的视频播放量达到 19 876 192 次，是 2023 年科普视频平均播放量的 2551 倍。

（二）各数据指标对比

2023 年，科普视频的平均点赞量为 214 次。科普视频中点赞量最高的视频点赞量达到 874 521 次，是 2023 年平均点赞量的 4075 倍。部分科普视频的点赞量较低，如视频 ID908014995 的点赞量仅 15 180 次。2023 年，科普视频的平均分享量为 17 次。分享量最高的视频分享量达到 185 965 次，是 2023 年平均分享量的 10 527 倍。有多个科普视频分享量较少，如视频 ID995253866 的分享量仅 30 次。2023 年，科普视频的平均收藏量为 72 次。收藏量最高的科普视频收藏量达到 567 963 次，是 2023 年平均收藏量的 7804 倍。部分科普视频的收藏量较低，如视频 ID268583340 的收藏量仅为 12 197 次。2023 年，科普视频的平均评论量为 10 次。评论量最高的科普视频评论量达到了 72 480

次，是 2023 年平均评论量的 7248 倍。有部分科普视频的评论量较少，如视频 ID954277816 的评论量仅为 875 次（表 5-3）。

表 5-3　头部视频的相关传播数据

视频 ID	播放量 / 次	点赞量 / 次	分享量 / 次	收藏量 / 次	评论量 / 次
661142848	19 876 192	507 529	5 680	270 362	10 422
273800008	15 508 454	1 330 949	85 552	145 708	20 979
995253866	13 799 934	14 692	30	100 957	47
569559929	12 894 375	266 920	8 101	103 566	4 176
960513817	11 925 232	178 547	4 003	194 886	1 744
404221923	11 861 713	1 136 426	29 115	86 721	14 214
950904435	11 827 273	47 722	287	567 963	35
227927983	11 671 100	1 064 151	36 223	85 990	9 752
278519681	11 634 044	365 298	2 625	47 844	3 925
908014995	11 496 836	15 180	21	122 012	19
956733745	11 461 907	874 521	284 914	150 792	72 480
436511869	10 626 908	131 706	965	10 268	931
532287491	10 569 581	610 699	185 965	177 495	15 099
958366890	10 410 344	291 578	2 000	75 621	3 812
782178711	10 170 998	56 782	625	57 029	348
363094219	10 018 591	173 145	14 890	169 782	5 156
911485235	9 988 823	64 318	129	248 402	300
227114810	9 913 719	158 320	12 691	99 909	240
780189624	9 911 004	296 686	6 427	93 893	9 525
487004608	9 901 390	376 481	19 970	32 458	4 872
954277816	9 823 928	45 074	256	5 264	875
916323736	9 699 970	420 179	6 789	46 701	9 266
268583340	9 680 580	2 415	28	12 197	59
437568631	9 612 353	19 341	156	94 015	250
434754078	9 609 608	618 949	8 834	59 356	3 925
783261613	9 399 274	2 886	130	23 209	279

续表

视频 ID	播放量 / 次	点赞量 / 次	分享量 / 次	收藏量 / 次	评论量 / 次
232553015	9 385 678	94 824	1 337	87 968	2 901
398886048	9 276 716	3 670	35	13 403	87
318990431	9 262 369	94 025	916	13 002	993
868355295	9 236 854	2 728	7	32 344	3

四、标签活跃数据

2023 年，科普标签量与视频播放量展现出不同的波动态势。

（一）科普标签量波动平缓

科普标签量的波动相对较为平缓，整体未呈现出显著的持续上升或下降趋向。1 月，科普标签量处于低位，约为 2.02 万个；3 月明显上升，达到 3.14 万个；之后处于波动变化中，7 月和 8 月稍有增长，9 月至 11 月保持相对稳定，数值大致在一定区间内波动，到了 12 月则回升至 3.05 万个左右（图 5-7）。

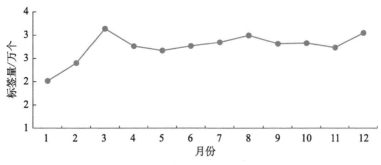

图 5-7　2023 年科普标签量月度变化趋势

（二）科普标签视频播放量波动较大

科普视频播放量的波动较为剧烈。1 月的播放量处于全年最低点，约为 2.07 亿次；从 3 月开始大幅攀升，直至 7 月达到峰值，高达 9.07 亿次；随后进入波动下降阶段，8 月至 11 月，科普视频播放量数值有所起伏；12 月又出现回升，达到 8.33 亿次左右（图 5-8）。

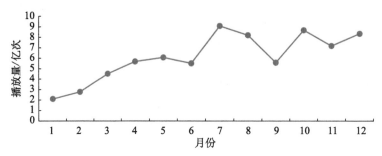

图 5-8 2023 年科普标签视频播放量月度变化趋势

2023 年，科普标签的活跃数据如表 5-4 所示。

表 5-4 科普标签活跃数据

月份	标签量／个	播放量／个	月份	标签量／个	播放量／个
1 月	20 224	207 466 327	7 月	28 536	907 302 122
2 月	24 062	274 920 895	8 月	30 022	818 456 881
3 月	31 446	450 103 676	9 月	28 200	555 871 583
4 月	27 696	568 026 287	10 月	28 323	866 746 304
5 月	26 740	607 382 358	11 月	27 376	715 492 867
6 月	27 709	549 228 697	12 月	30 549	833 116 919

五、头部标签数据

（一）头部标签视频中"健康"相关视频量最高

视频量反映创作活跃度。"科普"标签视频量 92.80 万个，虽播放量高，但视频量相对部分标签并非最多，可能其单个视频平均播放量高，传播效果好。"健康"标签视频量 59.91 万个，与高播放量匹配，显示健康领域的公众需求大，创作者积极。"动画""搞笑"标签视频量相对少，分别为 0.69 万个和 0.90 万个（图 5-9），却凭借独特形式获得一定播放量，传播效率和受众喜爱程度较高。

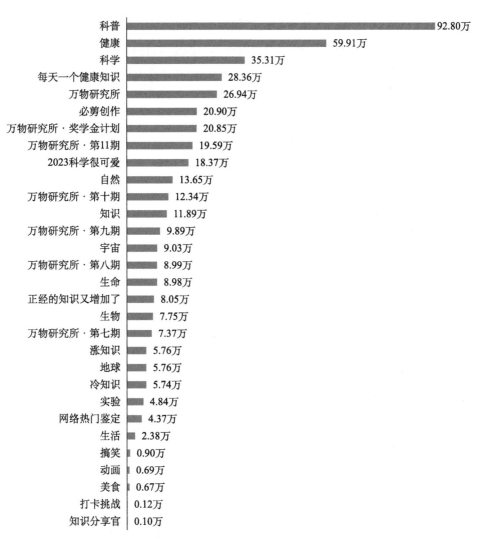

图 5-9　30 个科普头部标签的视频量（单位：个）

（二）头部标签播放量规模可观

在头部标签播放量方面，规模可观，显示出科普内容受众广泛。"科普"标签播放量达 130.03 亿次，居首位，表明科普领域核心地位显著，内容丰富，吸引大量观众。"万物研究所"相关系列标签表现突出，如"万物研究所·奖学金计划"等，播放量总和可观，反映出其通过多样专题活动吸引持续关注。"科学""健康""自然"等标签播放量均在数亿级别以上，分别为 53.39 亿次、

35.16 亿次、23.56 亿次等，体现出这些领域与人们的生活和知识需求紧密相关，观众兴趣浓厚。"冷知识""涨知识"等标签也凭借独特切入点获较高播放量，分别为 23.51 亿次、21.14 亿次（图 5-10），丰富了科普内容的多样性。

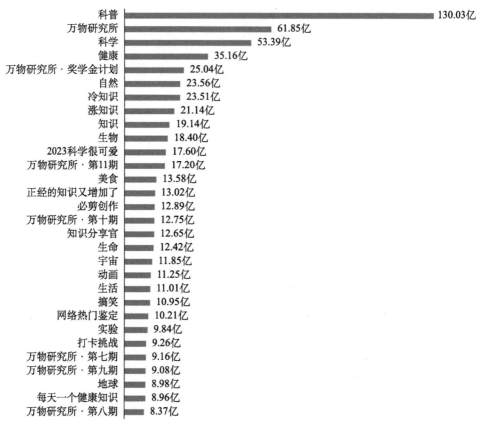

图 5-10　30 个科普头部标签的播放量（单位：次）

综合来看，科普相关标签播放量和视频量多样分布。"科普""万物研究所"等标签播放量优势明显（表 5-5），在科普领域地位重要。不同标签视频量的差异体现出一定的创作特点。

表 5-5　科普头部标签视频与播放量

标签	播放量／次	视频量／次
科普	13 003 224 602	927 958

续表

标签	播放量／次	视频量／次
万物研究所	6 184 574 246	269 378
科学	5 339 258 750	353 075
健康	3 515 851 352	599 127
万物研究所·奖学金计划	2 504 404 106	208 495
自然	2 355 731 476	136 499
冷知识	2 350 590 787	57 362
涨知识	2 113 808 443	57 583
知识	1 914 226 345	118 907
生物	1 840 294 879	77 496
2023 科学很可爱	1 760 125 000	183 728
万物研究所·第 11 期	1 720 260 542	195 865
美食	1 357 737 432	6 734
正经的知识又增加了	1 301 831 477	80 532
必剪创作	1 289 345 936	208 993
万物研究所·第十期	1 274 517 437	123 423
知识分享官	1 264 911 209	1 037
生命	1 242 083 046	89 809
宇宙	1 184 562 678	90 267
动画	1 125 357 426	6 937
生活	1 101 159 595	23 771
搞笑	1 094 760 247	8 950
网络热门鉴定	1 020 925 958	43 714
实验	984 033 925	48 416
打卡挑战	925 705 020	1 166
万物研究所·第七期	915 686 789	73 705
万物研究所·第九期	907 699 420	98 934
地球	898 478 087	57 568
每天一个健康知识	895 937 241	283 552
万物研究所·第八期	836 575 101	89 874

第二节 用户触达分析报告

一、用户规模

以下数据是按季度对用户触达情况进行的统计。从数据变化趋势来看，用户日均播放次数与用户日均播放时长有着相同的变化趋势。日均活跃用户数在季度层面波动不大。

其中，"日均活跃用户数"指标显示，2023年第一季度日均活跃用户数为18 840 148个，第二季度增长到20 441 525个，第三季度继续上升至22 963 364个，第四季度略有下降，为22 178 990个。

"日均播放次数"指标显示，2023年第一季度日均播放次数为59 969 315次，第二季度增长到68 518 169次，第三季度进一步上升至82 079 465次，第四季度下降至74 455 161次。

"日均播放时长"指标呈现出类似趋势，2023年第一季度日均播放时长为106 048 258分钟，第二季度增长到122 541 966分钟，第三季度上升至145 574 677分钟，第四季度下降至133 256 577分钟（表5-6）。

总体来看，用户触达的各项指标在2023年前三季度呈现上升趋势，第四季度有所下降（图5-11）。

表5-6　2023年用户触达数据

指标	第一季度	第二季度	第三季度	第四季度
日均活跃用户数/个	18 840 148	20 441 525	22 963 364	22 178 990
日均播放次数/次	59 969 315	68 518 169	82 079 465	74 455 161
日均播放时长/分钟	106 048 258	122 541 966	145 574 677	133 256 577

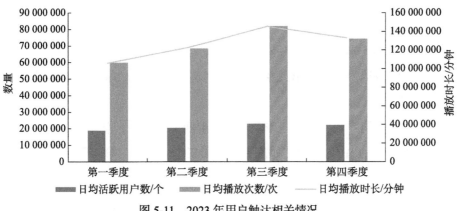

图 5-11　2023 年用户触达相关情况

二、用户画像

（一）男性用户占比超七成

男性用户占比在 2023 年第二季度略有下降，之后在第三季度和第四季度又有所上升，总体相对稳定在 72.7% 左右。女性占比在第二季度略有上升，第三季度下降，第四季度继续下降，总体稳定在 24.2% 左右。未知性别占比在第二季度上升，第三季度和第四季度下降，总体为 3.1%（表 5-7 和图 5-12）。

表 5-7　2023 年各季度科普内容用户的性别　　　（单位：%）

性别	第一季度	第二季度	第三季度	第四季度	总计
男性	72.9	71.4	72.9	73.7	72.7
女性	24.2	24.7	24.0	23.8	24.2
未知	2.9	4.0	3.1	2.4	3.1

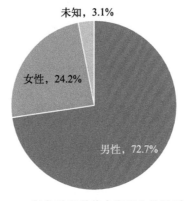

图 5-12　2023 年各季度科普内容用户的性别占比情况

（二）18～24岁用户占比最高

18岁以下用户占比在第三季度上升，第四季度下降，总体稳定在19.2%。

18～24岁用户占比在第二季度下降，第三季度继续下降，第四季度上升，总体稳定在38.1%。

25～30岁用户占比在第三季度下降，第四季度上升，总体稳定在21.2%。

31岁以上用户占比在第二季度上升，第三季度下降，第四季度上升，总体稳定在19.7%。

未知年龄占比在第二季度上升，第三季度和第四季度下降，总体为1.8%（表5-8和图5-13）。

表5-8 2023年各季度科普内容用户的年龄占比情况 （单位：%）

年龄段	第一季度	第二季度	第三季度	第四季度	总计
18岁以下	18.1	18.2	21.1	19.2	19.2
18～24岁	39.0	37.9	37.2	38.2	38.1
25～30岁	21.6	21.5	20.6	21.1	21.2
31岁以上	19.2	19.9	19.6	20.0	19.7
未知	2.0	2.6	1.5	1.4	1.8

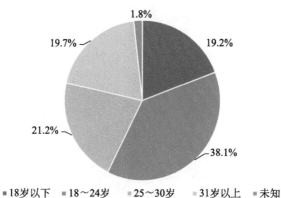

图5-13 2023年科普内容用户的年龄占比情况

（三）一线①与三线及以外城市用户占比并列最高

一线城市用户占比在第二季度上升，第三季度下降，第四季度上升，总体稳定在 37.0%。二线城市用户占比在第二季度上升，第三季度下降，第四季度上升，总体稳定在 18.6%。三线及以外城市用户占比在第二季度下降，第三季度上升，第四季度下降，总体稳定在 37.0%（表 5-9 和图 5-14）。总体来看，各维度占比在不同季度虽有波动，但总体趋势相对稳定。

表 5-9　2023 年各季度科普内容用户所在城市等级占比情况　（单位：%）

城市等级	第一季度	第二季度	第三季度	第四季度	总计
一线	34.7	38.2	36.4	38.6	37.0
二线	18.1	18.9	18.5	18.8	18.6
三线及以外	40.1	35.6	37.9	34.5	37.0
海外	3.0	3.0	3.1	3.4	3.1
其他	4.1	4.3	4.0	4.6	4.2

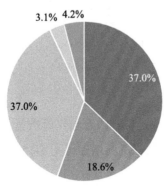

■一线城市　■二线城市　■三线及以外城市　■海外　■其他

图 5-14　2023 年科普内容用户所在城市等级占比情况

---

① 此处的一线城市包含一线城市与新一线城市。

第三节　科普创作者画像报告

一、科普创作者梯队增长稳定

2023 年，科普创作者数量呈现出一定的稳定增长趋势。

1 月的科普创作者数量为 38.54 万个，2 月达到 40.36 万，3 月为 42.49 万个，继续保持增长态势。

4 月的创作者数量为 44.54 万个，5 月为 46.34 万个，6 月达到 48.26 万个，7 月是 49.96 万个，8 月为 51.73 万个，这几个月的创作者数量持续上升。

9 月的创作者数量为 53.28 万个，10 月是 54.87 万个，11 月达到 56.62 万个，12 月为 58.40 万个，在这几个月中创作者数量呈逐步增长状态（表 5-10）。

表 5-10　2023 年科普内容创作者数量情况

月份	科普内容创作者数量	月份	科普内容创作者数量	月份	科普内容创作者数量
1 月	385 434	5 月	463 393	9 月	532 778
2 月	403 565	6 月	482 636	10 月	548 672
3 月	424 943	7 月	499 628	11 月	566 206
4 月	445 369	8 月	517 289	12 月	583 971

从 2023 年全年数据来看，科普内容创作者数量从 1 月到 12 月整体处于增长趋势，每个月的具体数量都在不断增加（图 5-15）。

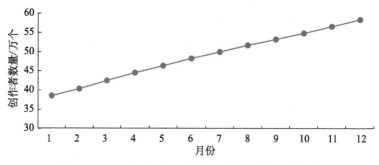

图 5-15　2023 年科普内容创作者数量月度变化趋势

二、科普创作者画像

（一）男性创作者占比超八成

从 2023 年季度数据来看，男性创作者占比在第一季度为 81.9%，第二季度降至 81.1%，第三季度为 80.8%，第四季度降到 80.4%。可以看出，男性创作者占比较高，在各季度的占比呈现逐渐下降的态势。

女性创作者占比在第一季度是 13.3%，第二季度上升到 13.6%，第三季度为 14.0%，第四季度达到 14.4%。女性创作者占比在每个季度都有所增加，虽初始占比相对男性较低，但呈现稳步上升的趋势。

综合 2023 年各季度数据，科普创作者群体中男性占比较高但逐渐减少，女性占比逐步上升，未知性别创作者占比相对稳定且在一定范围内波动，共同构成了科普创作者的性别比例格局（表 5-11 和图 5-16）。

表 5-11　2023 年科普内容创作者分季度的性别占比情况　（单位：%）

科普创作者性别	第一季度	第二季度	第三季度	第四季度
男性	81.9	81.1	80.8	80.4
女性	13.3	13.6	14.0	14.4
未知	4.8	5.3	5.2	5.2

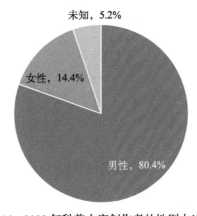

图 5-16　2023 年科普内容创作者的性别占比情况

（二）31岁以上创作者占比最高

2023年，不同年龄段的科普创作者在各季度呈现不同的占比情况。

18岁以下的创作者，第一季度占比11.2%，第二季度占比11.1%，稍有下降，到了第三季度占比回升至11.5%，第四季度又降至11.3%，整体在一定范围内波动，相对稳定地在科普创作领域占据一定的份额。

18～24岁的创作者，第一季度的占比达到30.7%，是各年龄段中占比较高的群体之一。从第二季度开始，占比逐渐下降，第二季度为30.4%，第三季度降至29.9%，第四季度降到29.6%，呈现出持续减少的趋势。

25～30岁的创作者，第一季度占比25.5%，随后在第二季度占比降至24.6%，第三季度降至24.0%，第四季度进一步降到23.5%，各季度占比持续下滑，表明这一年龄段的创作者参与科普创作的规模逐渐缩小。

31岁以上的创作者，第一季度占比29.1%，之后呈现上升态势，第二季度占比29.9%，第三季度占比30.8%，第四季度占比达到31.8%，显示出这一年龄段在科普创作中的参与度不断提升。

未知年龄的创作者，第一季度占比3.5%，第二季度占比3.9%，第三季度占比3.8%，第四季度占比3.8%，各季度波动较小，相对稳定，对整体的年龄分布格局影响较为有限（表5-12和图5-17）。

表5-12　2023年科普内容创作者分季度的年龄占比情况　（单位：%）

科普创作者年龄段	第一季度	第二季度	第三季度	第四季度
18岁以下	11.2	11.1	11.5	11.3
18～24岁	30.7	30.4	29.9	29.6
25～30岁	25.5	24.6	24.0	23.5
31岁以上	29.1	29.9	30.8	31.8
未知	3.5	3.9	3.8	3.8

综合来看，2023年，不同年龄段的科普创作者在各季度的占比情况有所不同，反映出科普创作群体在年龄结构上的变化特点。

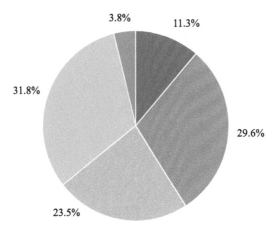

图 5-17　2023 年科普内容创作者的年龄占比情况

（三）一线城市创作者占比超过四成

一线城市的创作者稳定占有较高的比例，保持在 47% 左右。

二线城市的创作者占比相对稳定，第一季度至第四季度的占比分别为 18.8%、18.9%、18.7%、18.8%，基本稳定在 18.8% 左右，其科普创作力量较为稳定，在科普创作格局中占有较为稳定的份额。

三线及以外城市的创作者占比呈现先逐渐上升后稍有回落的态势。从第一季度的 28.8% 上升至第二季度的 29.8%，第三季度达到 29.9%，第四季度回落至 29.0%，反映出这些城市在科普创作领域的参与度不断提高后略有波动，可能受多种因素的影响。

海外创作者占比相对稳定且较低，各季度分别为 2.3%、2.1%、2.3%、2.2%，表明海外创作者在科普创作群体中占比较低但保持着一定参与度。

其他城市的创作者占比波动较小，第一季度占比 2.9%，第二季度占比 2.8%，第三季度占比 2.9%，第四季度上升至 3.4%，对整体城市等级分布格局影响较小（表 5-13 和图 5-18）。

表5-13　2023年科普内容创作者分季度所在城市等级的占比情况　　（单位：%）

科普创作者所在城市等级	第一季度	第二季度	第三季度	第四季度
一线	47.3	46.4	46.2	46.7
二线	18.8	18.9	18.7	18.8
三线及以外	28.8	29.8	29.9	29.0
海外	2.3	2.1	2.3	2.2
其他	2.9	2.8	2.9	3.4

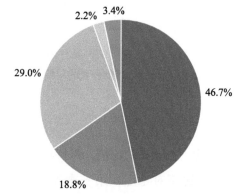

■一线城市 ■二线城市 ■三线及以外城市 ■海外城市 ■其他

图5-18　2023年科普内容创作者所在城市的占比情况

综合来看，不同城市等级的科普创作者占比情况有所不同，反映出科普创作在不同地区的发展特点和趋势。一线城市在保持占比优势的同时，三线及以外城市的发展态势也值得关注，这对于推动科普创作的全面发展具有重要意义。

第四节　头部创作者分析报告

一、头部创作者传播数据

（一）头部创作者粉丝数量分层明显

创作者的粉丝数呈现出明显的分层现象（图5-19）。"老师好我叫何同学"拥有11 258 308个粉丝，处于顶尖层级，在科普领域具有极高的影响力和广泛的受众覆盖面。"手工耿"有 7 820 430 个粉丝,"影视飓风"有 7 499 689 个粉丝。他们在科普头部创作者中占据重要地位,其作品能吸引大量观众关注,传播力强。粉丝数在 300 万个至 800 万个的创作者[如"科技美学"(4 258 738 个粉丝)、"极客湾 Geekerwan"(3 720 465 个粉丝)等]形成较大群体,在科普创作领域有显著影响力,拥有忠实的粉丝群体。同时,不少创作者的粉丝数在 300 万个以下,如"大狸子切切里"(2 234 585 个粉丝)等,在科普领域有一定的受众和影响力。这种粉丝数量的差异表明不同创作者在科普领域的知名度和影响力不同,高粉丝量创作者在内容创作、传播渠道等方面拥有优势,能吸引更多观众关注和喜爱。

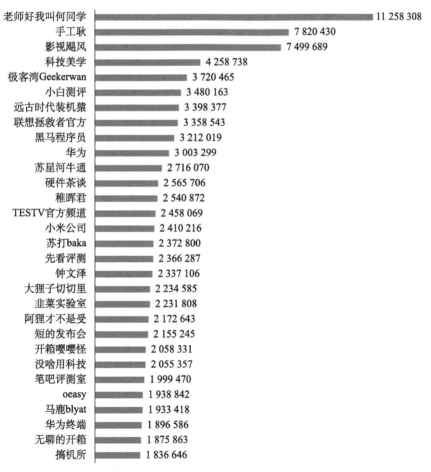

图 5-19 科普内容头部创作者 TOP30 的粉丝数量(单位:个)

（二）头部创作者发布视频量数据差异显著

头部创作者发布视频量数据差异显著（图5-20）。其中，2023年，"华为终端"发布308个视频，"小白测评"发布243个视频，他们通过大量视频输出满足观众对科普内容的需求，增加与观众接触和互动的机会。"老师好我叫何同学"仅发布4个视频，"稚晖君"仅发布1个视频。

图5-20 科普内容头部创作者视频发布情况

（三）头部创作者累计播放量差异极大

头部创作者累计播放量数据差异极大。其中，"小白测评"发布的视频累计播放量达 171 841 800 次，"影视飓风"发布的视频累计播放量为 93 275 535 次，"极客湾 Geekerwan"发布的视频累计播放量为 82 062 431 次（图 5-21），这些高播放量表明创作者的视频内容受欢迎。"没啥用科技"发布的视频累计播放量相对较低，为 10 619 043 次。高播放量创作者通常在内容质量、趣味性、实用性等方面表现出色，能满足观众对科普知识的多样化需求，且在发布平台推广、创作者知名度等方面有优势。例如，"影视飓风"以专业知识讲解和生动表现形式吸引观众持续关注；"没啥用科技"因内容专业性强或受众范围窄，播放量相对较低，但内容有一定价值。

图 5-21 科普内容头部创作者视频累计播放量情况（单位：次）

（四）头部创作者累计评论量与播放量趋势相近

累计评论量可以反映观众对作品的参与度和讨论热情。其中，"硬件茶谈"发布的视频累计评论量为 66 561 次（图 5-22），其视频内容涉及专业硬件知识和产品评测，引发观众深入讨论。观众在评论区分享看法和经验，形成良好的讨论氛围。一些创作者发布的视频累计评论量较低，一部分原因是视频内容话题性弱或引导观众讨论不足。例如，以简单科普知识介绍为主的创作者，其创作的视频观众观看后评论欲望不强。

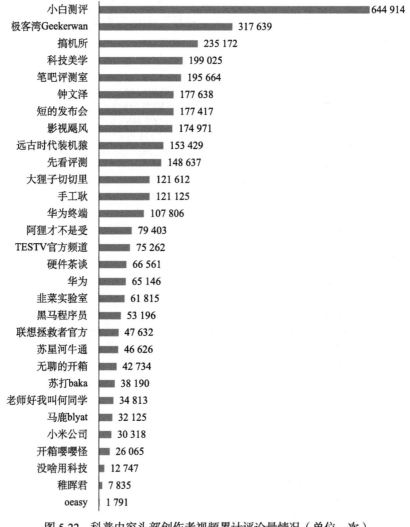

图 5-22　科普内容头部创作者视频累计评论量情况（单位：次）

（五）头部创作者累计转发量形成头部群体

累计转发量可以体现作品的传播价值和吸引力。"手工耿"发布的视频累计转发量为 505 376 次（图 5-23），其创意手工制作视频具趣味性和传播价值，观众愿意分享，传播范围得以扩大。一些创作者发布的视频转发量低，一部分原因是其创作的作品在新颖性、趣味性或实用性方面有所欠缺，或传播渠道和推广不足。例如，专注小众领域的创作者，受众范围窄导致视频转发量低。

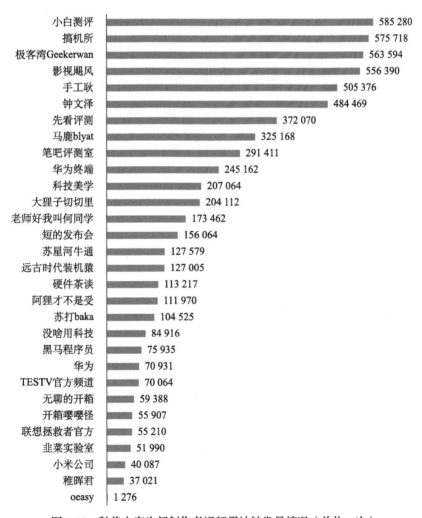

图 5-23 科普内容头部创作者视频累计转发量情况（单位：次）

（六）头部创作者累计点赞量与转发量趋势相近

累计点赞量是观众对作品喜爱和认可的直接体现。"老师好我叫何同学"发布的视频累计点赞量达 3 265 123 次（图 5-24），显示其作品在质量、创意、传播价值等方面获得观众高度认可。高点赞量提升创作者知名度和影响力，带来更多推荐和曝光机会。在视频平台上，点赞量高的作品易被推荐给更多用户。一些作品点赞量低，可能是因为内容吸引力和表现形式不足，如视频制作质量不高、内容单调或缺乏创新等。

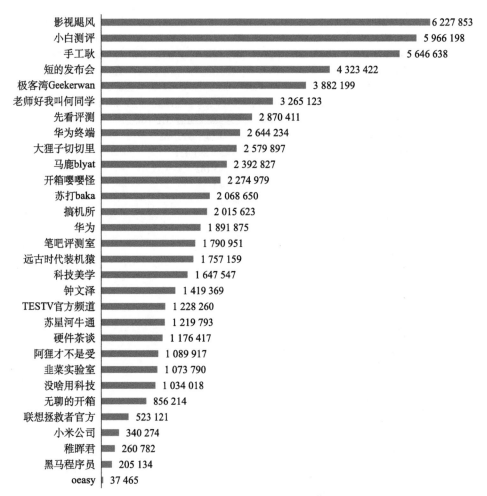

图 5-24　科普内容头部创作者视频累计点赞量情况（单位：次）

（七）头部创作者累计收藏量展现观众的认可度

累计收藏量可以反映观众对作品的实用性和价值的认可程度。"先看评测"发布的视频累计收藏量为 540 964 次（图 5-25），其视频内容提供有价值的产品评测信息和购买建议，观众认为有再次查看参考价值，因而加以收藏。创作者想要提高作品的被收藏量，就要注重视频内容的实用性和深度。比如，科普教程类视频详细讲解知识技能且具有实际应用价值，易被收藏。一些创作者的作品的收藏量低，一部分原因是视频内容的实用性和深度不足，或未针对观众需求提供有价值的信息。

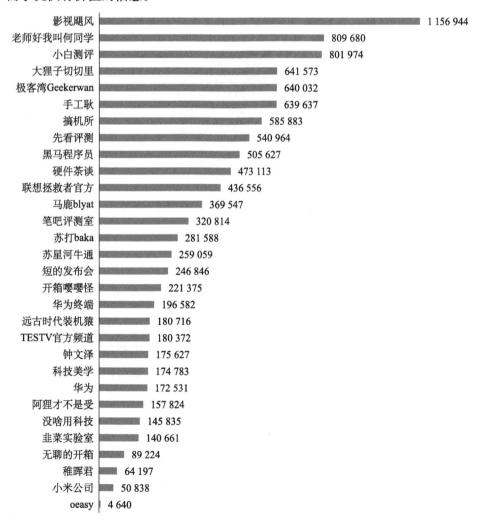

创作者	累计收藏量
影视飓风	1 156 944
老师好我叫何同学	809 680
小白测评	801 974
大狸子切切里	641 573
极客湾Geekerwan	640 032
手工耿	639 637
搞机所	585 883
先看评测	540 964
黑马程序员	505 627
硬件茶谈	473 113
联想拯救者官方	436 556
马鹿blyat	369 547
笔吧评测室	320 814
苏打baka	281 588
苏星河牛通	259 059
短的发布会	246 846
开箱嘤嘤怪	221 375
华为终端	196 582
远古时代装机猿	180 716
TESTV官方频道	180 372
钟文泽	175 627
科技美学	174 783
华为	172 531
阿狸才不是受	157 824
没啥用科技	145 835
韭菜实验室	140 661
无聊的开箱	89 224
稚晖君	64 197
小米公司	50 838
oeasy	4 640

图 5-25　科普内容头部创作者视频累计收藏量情况（单位：次）

二、头部创作者画像

（一）头部创作者以男性为主

科普作品头部创作者中男性占比较高，30位头部创作者中男性有26人，女性有4人（图5-26）。这与科普领域传统上男性从业者多及男性对科技领域兴趣更加浓厚有关。女性创作者如"先看评测"等逐渐崭露头角，为科普领域带来多样性。男性创作者数量多，女性创作者丰富了科普内容的呈现方式，能吸引不同性别和兴趣的观众。未来，随着社会发展和观念转变，女性在科普创作领域的占比可能会逐渐增高，促进科普创作多元化创新发展。

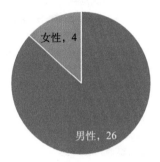

图5-26　不同性别的科普内容头部创作者数量（单位：人）

（二）头部创作者中25～30岁群体占比最高

头部创作者的年龄层次分布广泛，包括18岁以下、18～24岁、25～30岁、31岁及以上。30位头部创作者中，18岁以下的有2人，18～24岁的有4人，25～30岁的有15人，31岁及以上的有9人（图5-27）。18～24岁的年轻创作者如"老师好我叫何同学""苏打baka"，其作品内容新颖、有创意，注重将流行文化元素与科技知识相结合，为科普领域注入活力创意，因而备受年轻受众关注。25～30岁的创作者如"影视飓风""科技美学""小白测评"等，具有丰富的知识储备和一定的创作能力，能将专业知识与生动表达相结合，创作受众感兴趣的内容。31岁及以上的创作者如"手工耿"，凭借丰富的经验和成熟的风格拥有稳定的粉丝群体，作品注重内容深度和实用性，如手工制作视频展示创意技巧和科学原理实用价值。不同年龄段的创作者各有优势，共同推动科普领域的发展。

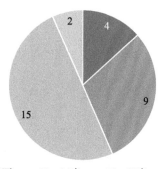

■18岁以下　■18～24岁　■25～30岁　■31岁及以上

图 5-27　不同年龄段的科普内容头部创作者数量（单位：人）

（三）头部创作者集中在一线城市

在地域分布上，创作者多集中在新一线城市和一线城市（图 5-28）。例如，"老师好我叫何同学"在新一线城市，"极客湾 Geekerwan"在一线城市。新一线城市和一线城市有丰富的科技资源、浓厚的文化氛围和充足的人才储备，为科普创作提供了良好的条件，因而吸引了众多优秀创作者。"硬件茶谈""钟文泽"等在二线城市，具有一定影响力，在当地科技文化环境中发展，为科普创作贡献力量。三线及以下城市和四线城市中的创作者相对较少，但一些具有特色的创作者［如"大狸子切切里"（在三线城市）、"马鹿 blyat"（在四线城市）等］，通过独特的作品内容和风格获得关注。

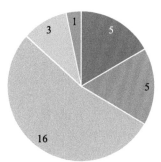

■新一线城市　■二线城市　■一线城市　■三线城市　■四线城市

图 5-28　30 位科普内容头部创作者分布在相应城市的数量（单位：人）

表 5-14 对 30 位头部创作者的基本信息，如年龄、性别、所在城市、粉丝数等进行了总结。

表 5-14　30 位科普内容头部创作者的基本信息

创作者	性别	年龄/岁	所在城市级别	粉丝数/个	发布视频量/次	累计播放量/次	累计评论量/次	累计转发量/次	累计点赞量/次	累计收藏量
老师好我叫何同学	男	18~24	新一线	11 258 308	4	34 424 206	34 813	173 462	3 265 123	809 680
手工耿	男	31岁及以上	二线	7 820 430	12	73 268 281	121 125	505 376	5 646 638	639 637
影视飓风	男	25~30	新一线	7 499 689	68	93 275 535	174 971	556 390	6 227 853	1 156 944
科技美学	男	25~30	二线	4 258 738	85	59 547 204	199 025	207 064	1 647 547	174 783
极客湾 Geekerwan	男	25~30	一线	3 720 465	60	82 062 431	317 639	563 594	3 882 199	640 032
小白测评	男	25~30	新一线	3 480 163	243	171 841 800	644 914	585 280	5 966 198	801 974
远古时代装机猿	男	31岁及以上	一线	3 398 377	95	43 570 156	153 429	127 005	1 757 159	180 716
联想拯救者官方	—	—	一线	3 358 543	211	16 404 497	47 632	55 210	523 121	436 556
黑马程序员	男	25~30	一线	3 212 019	33	16 700 243	53 196	75 935	205 134	505 627
华为	—	—	一线	3 003 299	232	18 984 020	65 146	70 931	1 891 875	172 531
苏星河牛通	男	25~30	一线	2 716 070	18	26 237 995	46 626	127 579	1 219 793	259 059
硬件茶谈	男	25~30	二线	2 565 706	56	31 481 970	66 561	113 217	1 176 417	473 113
稚晖君	男	25~30	一线	2 540 872	1	2 604 134	7 835	37 021	260 782	64 197
TESTV官方频道	男	25~30	新一线	2 458 069	72	35 524 034	75 262	70 064	1 228 260	180 372
小米公司	—	—	一线	2 410 216	78	11 188 532	30 318	40 087	340 274	50 838
苏打 baka	男	18~24	新一线	2 372 800	16	27 200 818	38 190	104 525	2 068 650	281 588

续表

创作者	性别	年龄/岁	所在城市级别	粉丝数/个	发布视频量/次	累计播放量/次	累计评论量/次	累计转发量/次	累计点赞量/次	累计收藏量/次
先看评测	女	31岁及以上	一线	2 366 287	66	57 255 347	148 637	372 070	2 870 411	540 964
钟文泽	男	17岁及以下	二线	2 337 106	78	55 217 065	177 638	484 469	1 419 369	175 627
大漠子切切里	男	18~24	三线	2 234 585	92	70 097 753	121 612	204 112	2 579 897	641 573
韭菜实验室	男	25~30	一线	2 231 808	56	2 308 032	61 815	51 990	1 073 790	140 661
阿狸才不是爱	女	25~30	一线	2 172 643	39	22 410 008	79 403	111 970	1 089 917	157 824
短的发布会	男	25~30	一线	2 155 245	149	78 576 316	177 417	156 064	4 323 422	246 846
开箱嘤嘤怪	男	31岁及以上	三线	2 058 331	17	45 733 239	26 065	55 907	2 274 979	221 375
没啥用科技	男	25~30	二线	2 055 357	7	10 619 043	12 747	84 916	1 034 018	145 835
笔吧评测室	男	25~30	三线	1 999 470	86	48 692 201	195 664	291 411	1 790 951	320 814
oeasy	男	31岁及以上	一线	1 938 842	154	611 772	1 791	1 276	37 465	4 640
马鹿 blyat	男	18~24	四线	1 933 418	6	30 148 258	32 125	325 168	2 392 827	369 547
华为终端	—	—	一线	1 896 586	308	93 616 066	107 806	245 162	2 644 234	196 582
无聊的开箱	男	31岁及以上	一线	1 875 863	47	14 326 573	42 734	59 388	856 214	89 224
搞机所	男	25~30	一线	1 836 646	229	91 090 846	235 172	575 718	2 015 623	585 883

三、创作者发展数据

（一）粉丝增长情况展示出显著差异与多层次格局

从数据中（图 5-29）可以明确看出，科普视频创作者在 2023 年的涨粉量差异极为显著。例如，"老师好我叫何同学"涨粉量达到 611 288 个，"手工耿"涨粉 817 897 个，处于涨粉量的顶端层次，展现出了超强的吸粉能力。"流量卡表哥"的涨粉量为 475 891 个，"小宇 Boi"的涨粉量为 325 546 个等，处于中间层次，还有部分创作者的涨粉量相对较低，如"ALIENWARE 外星人"涨粉 488 654 个，形成了明显的多层次涨粉格局。这充分表明科普视频创作领域竞争激烈，不同创作者之间的吸粉能力差距较大，但同时也为各个层级的创作者提供了多样化的发展空间和机会。对 2023 年涨粉数据的分析可知，科普视频创作领域的涨粉速度呈现出动态变化的特点。一些原本粉丝基数较大的创作者，如"老师好我叫何同学"，其初始粉丝数已达较高水平，在 2023 年依然保持着较快的涨粉速度，说明他们能够持续吸引新观众的关注，具有很大的粉丝黏性和吸引力。而一些原本粉丝基数较小的创作者，如"城阳电工电路"，从初始的 1 415 460 个粉丝增长到了可观的涨粉量 852 975 个，实现了快速崛起，显示出科普视频创作领域的活力和发展潜力，新创作者有机会通过自身特色在短时间内获得大量粉丝关注。

（二）粉丝增长因素以传播和互动为主

1. 粉丝基数与涨粉的关联

数据清晰地显示出粉丝基数与 2023 年涨粉量存在一定的相关性。以"老师好我叫何同学"为例，其初始粉丝数为 11 258 308 个，2023 年涨粉 611 288 个，"手工耿"初始粉丝数为 7 820 430 个，2023 年涨粉到 817 897 个。这些原本粉丝基数较大的创作者，凭借已有的品牌影响力和广泛的粉丝基础，在发布新内容时更容易被粉丝关注到，从而吸引新粉丝的加入。也有一些创作者如"英雄哪里出来"初始粉丝数 1 020 328 个，2023 年涨粉至 818 810 个，涨粉幅度相对较大，说明即使初始粉丝基数较小，只要创作的作品内容有特色和吸引

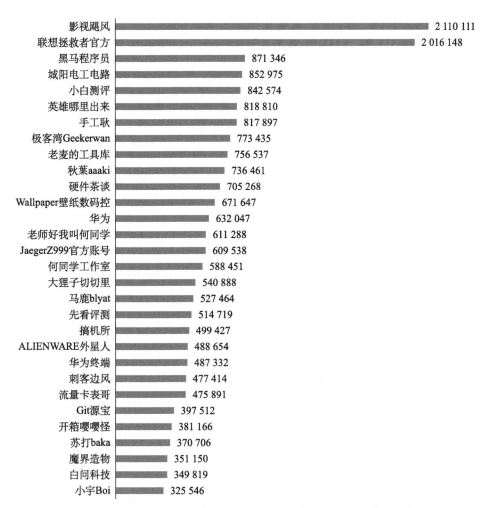

图 5-29　30 位科普内容头部涨粉创作者 2023 年的涨粉量（单位：个）

力，同样能实现快速涨粉，粉丝基数并非决定涨粉量的绝对因素。

2. 内容发布、互动与涨粉的关系

发布视频量对涨粉有一定的影响。"小白测评"2023 年共发布 243 个视频，2023 年涨粉 842 574 个；"联想拯救者官方"2023 年共发布 211 个视频，涨粉 2 016 148 个。这从一定程度上表明高频次的视频发布可以增加作品的曝光机会，让观众有更多机会接触到创作者的作品，从而吸引更多粉丝。"老师好我叫何同学"2023 年仅发布 4 个视频，却能凭借高质量的内容获得较高的涨粉量，这说明作品质量和内容的独特性在吸引粉丝方面起着关键作用。高质量、创新性的内容即使发布数量有限，也能凭借独特的价值吸引大量粉丝关注。因而，在创作科普视频时，创作者要格外关注内容质量。

累计评论量、转发量、点赞量和收藏量等互动数据与涨粉密切相关。"硬件茶谈"发布的视频累计评论量为 66 561 次，表明作品内容能引发观众积极讨论，从而提升知名度和影响力，吸引更多粉丝。"老师好我叫何同学"发布的视频累计点赞量高达 3 265 123 次，收藏量为 809 680 次，高点赞量和收藏量体现了观众对其作品内容的高度认可与喜爱，有利于作品的传播和粉丝数的增长。这说明创作者不仅要注重内容的创作，还要积极与观众互动，提高内容的传播效果和粉丝黏性，良好的互动数据能够进一步促进涨粉。

3. 创作者特征与涨粉的联系

（1）性别差异不明显。30 位头部创作者中男性居多，但性别与涨粉速度之间并无显著关联。男性创作者如"影视飓风""小白测评"等在 2023 年有不同程度的涨粉，女性创作者如"先看评测"等也取得了较好的涨粉成绩，涨粉 514 719 个。这表明在科普视频创作领域，性别不是影响涨粉的关键因素，关键是作品的内容质量和创作风格能否吸引观众。

（2）年龄层次广泛且无明显限制。30 位头部创作者的年龄层次分布广泛，不同年龄段的创作者都能在 2023 年取得较好的涨粉成绩。18～24 岁的"老师好我叫何同学""苏打baka"等以作品的新颖创意吸引年轻受众，分别涨粉 611 288 个和 370 706 个。25～30 岁的"影视飓风""小白测评"等凭借专业的知识和丰富的创作经验，涨粉量分别为 2 110 111 个和 842 574 个。31 岁及以上的"手工耿"等以成熟风格和稳定输出，涨粉 817 897 个。这说明科普视频创作不受年龄限制，不同年龄段的创作者都能在该领域找到发展机会，只要能提供有价值的内容，都能吸引到相应的粉丝群体。

（3）地域并非影响涨粉的核心因素。地域分布涵盖新一线城市、一线城市、二线城市、三线城市、四线城市及海外城市等。新一线城市和一线城市的创作者相对较多，如"老师好我叫何同学"来自新一线城市，"影视飓风"等来自一线城市。但其他地域的创作者也能通过独特内容和风格的作品实现涨粉，例如"城阳电工电路"来自二线城市，涨粉量达 852 975 个。这表明地域并非决定涨粉速度的核心因素，创作者无论身处何地，只要能创作出优质内容并进行有效推广，都能在科普视频创作领域获得粉丝关注和增长。

表 5-15 对 30 位头部涨粉创作者的基本信息进行了汇总。

表 5-15　科普内容头部涨粉创作者信息

创作者	性别	年龄/岁	所在城市级别	粉丝数/个	2023年涨粉量/个	发布视频量/个	累计播放量/次	累计评论量/次	累计转发量/次	累计点赞量/次	累计收藏量/次
影视飓风	男	25~30	新一线	7 499 689	2 110 111	68	93 275 535	174 971	556 390	6 227 853	1 156 944
联想拯救者官方	男	31岁及以上	一线	3 358 543	2 016 148	211	16 404 497	47 632	55 210	523 121	436 556
黑马程序员	男	25~30	一线	3 212 019	871 346	33	16 700 243	53 196	75 935	205 134	505 627
城阳电工电路	男	31岁及以上	二线	1 415 460	852 975	264	90 188 023	165 717	306 837	7 134 742	615 157
小白测评	男	25~30	新一线	3 480 163	842 574	243	171 841 800	644 914	585 280	5 966 198	801 974
英雄哪里出来	男	31岁及以上	新一线	1 020 328	818 810	21	25 883 207	35 475	151 660	2 405 136	625 084
手工耿	男	31岁及以上	二线	7 820 430	817 897	12	73 268 281	121 125	505 376	5 646 638	639 637
极客湾Geekerwan	男	25~30	一线	3 720 465	773 435	60	82 062 431	317 639	563 594	3 882 199	640 032
老麦的工具库	男	25~30	一线	828 580	756 537	154	80 988 579	39 956	337 851	4 073 718	8 117 911
秋叶aaaki	男	18~24	一线	1 036 884	736 461	16	10 494 167	46 144	105 812	579 356	599 569
硬件茶谈	男	25~30	二线	2 565 706	705 268	56	3 148 197	66 561	113 217	1 176 417	473 113
Wallpaper壁纸数码控	男	25~30	五线	843 200	671 647	211	24 948 726	27 746	48 838	2 583 407	1 071 912
华为	女	31岁及以上	一线	3 003 299	632 047	232	18 984 020	65 146	70 931	1 891 875	172 531
老师好我叫何同学	男	18~24	新一线	11 258 308	611 288	4	34 424 206	34 813	173 462	3 265 123	809 680
JaegerZ999官方账号	男	31岁及以上	海外	757 016	609 538	66	43 370 563	33 528	101 803	3 699 295	456 622

续表

创作者	性别	年龄/岁	所在城市级别	粉丝数/个	2023年涨粉量/个	发布视频量/个	累计播放量/次	累计评论量/次	累计转发量/次	累计点赞量/次	累计收藏量/次
何同学工作室	男	31岁及以上	新一线	588 451	588 451	9	15 218 180	9 132	24 202	911 646	158 703
大狸子切切里	男	18~24	三线	2 234 585	540 888	92	70 097 753	121 612	204 112	2 579 897	641 573
马鹿 blyat	男	18~24	四线	1 933 418	527 464	6	30 148 258	32 125	325 168	2 392 827	369 547
先看评测	女	31岁及以上	一线	2 366 287	514 719	66	57 255 347	148 637	372 070	2 870 411	540 964
搞机所	男	25~30	一线	1 836 646	499 427	229	91 090 846	235 172	575 718	2 015 623	585 883
ALIENWARE外星人	男	31岁及以上	一线	703 125	488 654	26	494 961	1 726	2 310	9 498	712
华为终端	女	31岁及以上	一线	1 896 586	487 332	308	93 616 066	107 806	245 162	2 644 234	196 582
刺客边风	男	31岁及以上	二线	741 906	477 414	796	6 386 788	13 152	5 860	204 084	67 896
流量卡表哥	男	18~24	一线	635 721	475 891	108	58 806 510	414 404	281 256	1 551 374	833 845
Git 颂宝	男	25~30	海外	629 683	397 512	40	11 624 015	17 795	53 229	746 267	742 208
开箱嘤嘤怪	男	31岁及以上	三线	2 058 331	381 166	17	45 733 239	26 065	55 907	2 274 979	221 375
苏打 baka	男	18~24	新一线	2 372 800	370 706	16	27 200 818	38 190	104 525	2 068 650	281 588
魔界造物	男	25~30	三线	824 089	351 150	19	35 398 096	26 245	46 149	2 133 292	558 394
白同科技	男	25~30	新一线	702 822	349 819	93	21 539 752	95 541	79 478	865 052	125 381
小宇 Boi	男	18~24	二线	1 098 689	325 546	41	19 695 097	36 320	160 297	1 226 377	1 771 671

第五节　科普活动报告

一、2023 年中国科学院公众科学日

公众科学日是中国科学院规模最大、影响最高、受众最多的品牌科普活动。自 2019 年首次与中国科学院物理研究所合作、2021 年与中国科学院开展全面合作以来，公众科学日已成为 B 站科学科普领域的年度重点项目。2023 年 5 月 13～14 日，线上共计 37 家中国科学院院所官方账号在站内开播，直播总进房次数超过 60 万次；线下方面，作为新冠疫情后的首次公众科学日，2023 年中国科学院公众科学日活动线下单日活动辐射人群超过 2 万人次（中国科学院物理研究所入园人次），深度观展人数超过 1.2 万人次，打破往年纪录。活动相关报道登上央视新闻《东方时空》、《人民日报》、《科技日报》、《中国青年报》、北京卫视等主流媒体平台。B 站特别策划的创意视频站外播放超过 450 万人次。

二、诺贝尔奖解读直播

诺贝尔奖是全球科学界最权威的奖项之一，社会意义重大，悬念度高，关注度与话题度高。2023 年 10 月 2～4 日，B 站与科学网、中科院格致论道讲坛、中国科学院物理研究所等合作，联合推出诺贝尔奖解读直播，直击诺奖公布现场，邀请专业科研工作者和科普 UP 主（uploader，即上传者）为观众带来第一时间的诺奖成果解读。3 天直播累计观看人数达 764 万，话题浏览量达 9 471 万，多次登上站内热搜第一，相关传播数据创下历史新高。

三、首届"格致科学传播奖"

B 站联合中国科学院共同打造的"格致科学传播奖"共设置 10 个荣誉奖项，以表彰对科学传播做出杰出贡献的视频作品和青年创作者。"格致科学传

播奖"由 B 站和中国科学院计算机网络信息中心联合发起，评委团由中国科学院院士及相关学者组成。2023 年 4 月 8 日，因新冠疫情延期的"格致科学传播奖"线下颁奖盛典重启，邀请院士、科学家、科普青年 UP 主同台交流，共同探讨视频科普的发展，活动获得较高的受众满意度。

四、bilibili 超级科学晚

秉持"实验，是检验科技的唯一标准"的晚会初衷，2023 年 10 月 28 日，B 站在北京举办了首届"bilibili 超级科学晚"活动。中国科学院院士褚君浩、中国工程院院士李培根、月球及火星探测器副总设计师贾阳、诺贝尔化学奖获得者迈克尔·莱维特（Michael Levitt）等 9 位科学界专家受邀参加，并与"稚晖君""毕导 THU""影视飓风"等 6 位 B 站知识区、科技区的 UP 主合作，直播展示了 9 场融合演讲与实验的硬核科学秀，验证多个与生活息息相关的科学问题。同时，晚会首次发布了"哔哩哔哩 2023 年度五大科学焦点"，人工智能生成内容（artificial intelligence generated content，AIGC）、室温超导、脑机接口、黑洞、可控核聚变等深受年轻人关注的前沿科学话题入选。

五、"科学 3 分钟"全国科普微视频大赛

"科学 3 分钟"全国科普微视频大赛是由 B 站和中国科学院物理研究所联合主办的大型科普赛事。大赛面向全国的科普创作者和科学爱好者，以"3 分钟分享一个科学知识"为主题，征集优秀的科普微视频作品。2023 年是 B 站和中国科学院连续第五年合作举办该赛事，共征集到参赛作品超 5 万个，总播放量超 3 亿次。经评委会评选，共评出极致科普奖 2 个、联合创作奖 1 个、创新科普奖 4 个、宝藏新人奖 10 个。大赛针对学生科普创作者设立了"B 站科普创作奖学金"，最终评选出一等奖奖学金获得者 1 人、二等奖奖学金获得者 2 人、三等奖奖学金获得者 5 人。

附　录

附录一 ■■■■■■
2023 年科普舆情专报

《2023 年度科普中国选题指南》宣传推广专报

2023 年 5 月 5 日，中国科学技术协会办公厅、中国科学院办公厅发布了《2023 年度科普中国选题指南》（以下简称《指南》），指南包括选题方向、创作建议、年度科普热点、年度重点关注领域等内容，被视为 2023 年科普"风向标"。为扩大《指南》的宣传覆盖面，提升公众尤其是各大科普主体的知晓率，更好地发挥《指南》对全年科普工作的"指挥棒"作用，本专报结合当前网络新技术、新媒体的发展趋势和特点，就《指南》确定的选题方向、年度科普热点、年度重点关注领域等核心内容进行分析研判，以期为《指南》后续的宣传和落地推广工作提供参考。

一、新技术、新媒体对科普作品宣传推广提出新要求

1. 网络已成为传播主渠道，网络科普是时代趋势

中国互联网络信息中心（CNNIC）发布的第 51 次《中国互联网络发展状况统计报告》显示，截至 2022 年 12 月，我国网民规模达 10.67 亿，互联网普及率达 75.6%。传播主渠道与舆论主阵地已转向网上、受众转移到网上是不争的事实。网民中使用手机上网的比例已高达 99.8%，公众尤其是年轻群体获取信息的渠道几乎被手机所取代。因此，深耕"互联网＋科普"，是时代的发展趋势和必然要求。

2. 新兴移动化平台层出不穷，拓展宣传阵地势在必行

当前，网络平台越来越具有媒体的特征，除"两微一端"，今日头条、抖音、快手、小红书、B 站等短视频 APP、社交软件、网络直播平台等各类移动新媒体层出不穷，其生动活泼、丰富多彩的内容吸引着人们的关注，方便快捷、灵活多样的表现形式极大地改变着大家的学习方式，因而备受用户欢迎。新兴网络平台的传播力、影响力日趋增强，也意味着科普宣传的阵地在不断地拓展延伸。

3. 全媒体传播要求科普宣传形式更加多元和立体

第五代移动通信技术（5G）与数据分析技术、人工智能（artifical intelligence，AI）技术、物联网技术相结合，技术、媒体与现实空间叠加，成为新的"社会底座"。用户的角色也从新闻内容的消费者转变为生产者、传播者，互动化、个性化、转播化的内容生产和分化特征，"万物皆媒体""一切皆平台"的全媒体传播趋势更加明显，内容传播的形式更加立体和丰富。依托 5G 平台，高清视频、全息投影、三维（3D）动画等元素与传统科普的文字、图片、声音相结合，使最终的信息呈现更加多元、立体和全覆盖。

4. AI 等新技术深度介入内容生产，带来新挑战和新机遇

从多媒体、3D、5G、虚拟现实（virtual reality，VR）等到生成式人工智能 ChatGPT，新技术、新业态深刻改变着内容生成机理和资讯传播方式，也不断丰富着科普宣传的工具手段和精神内核。当前，通用型大模型 AI 的研发和应用在全球范围加速推进，信息生成门槛和成本大幅降低，AI 助力信息传播将愈加常态化。但同时，AI "狂飙"也带来误导信息、虚假信息和恶意信息等问题，科普及辟谣工作面临新的机遇和挑战。

二、《指南》科普选题风险提示

1. 警惕涉意识形态争论干扰科普工作

科普不是"法外之地"，我们不得不警惕科普领域的意识形态和价值引领问题。就 2023 年《指南》确定的"解读前沿科技"等六大选题方向以及"基础研究"等 13 个年度科普热点做科普宣传时，有可能遭遇意识形态"碰瓷"。

例如，在解读海外前沿科技或介绍海外基础创新突破时，出现"为什么影响人类前途命运的科创突破都发生在美国？"等声音。此外，中外科研合作、跨国人才工作、科研体制、转基因话题等，均是意识形态领域的常热话题，应保持足够的警惕性。

2. 社会热点事件敏感性强、即时科普难度高

《指南》在"选题方向"部分提出"回应社会热点"称，从公众关切出发，通过科学视角回应社会热点事件或议题，以热点为载体，普及科学知识、科学方法和科学精神，提升传播效果，引导公众思考科技与生活的关系，推动科学思维能力的形成。研判认为，社会热点事件和议题是网络治理问题的缩影与集中表现，结合热点事件尤其是有争议性的敏感话题开展科普，需要注意切入角度、方式、时间等，如果不当蹭热点可能会出现焦点转移，"殃及池鱼"。例如，在某酱油出口产品和内销产品配料涉嫌"双标"风波中，监管机构、行业协会、专家学者所做的科普，可能会被解读为企业公关，从而不信任科普的内容。

3. 涉专业领域的科普容易成为诱导消费的借口

《指南》在"创作建议"部分提出，"破除'流量至上'的观念，杜绝非科学、伪科学、'标题党'等哗众取宠的低俗内容，以提升全民科学文化素质为目标，坚守娱乐与科学的界线"。近年来，教育、司法、医疗卫生等专业领域的一些自媒体，以科普之名进行直播带货、导流引流的现象屡禁不绝，引发公众强烈反感，而各大平台对其教师、教授、律师、医生、医师等进行的身份认证，成为其流量变现的"护身符"。根据抖音 2023 年 4 月初发布的《抖音健康科普数据报告》，抖音已入驻超 3.5 万名认证医生，每天平台新增 2.1 万个健康科普内容，医疗健康已成为抖音用户观看最多的内容之一。破除医疗等专业领域的伪科普泛滥，亟待监管部门、平台、用户等各方共同努力。

4. 地方出台涉科普争议性规定

每年的《指南》往往成为各地各部门制定年度科普工作计划和方案的指导性文件，但部分地方规定容易引发争议。例如，河南省卫生健康委员会印发《河南省妇幼健康教育与宣传工作方案》，要求三级妇幼保健院应设健康科普账号，每年在微信公众号发布不少于 50 篇科普作品，单篇科普作品平均阅读量

达 1 万次以上。此前，2022 年 3 月，四川省卫生健康委员会印发了《四川省母婴安全行动提升计划实施方案（2022—2025 年）》和《四川省健康儿童行动提升计划实施方案（2022—2025 年）》，均对地方妇幼保健机构新媒体平台科普内容的阅读量做出规定。对此，有自媒体撰文质疑此类规定不切实际，给医院和医生增加过大负担，占用过多精力影响治病救人主责主业等。

三、工作建议

1.政策发布同步跟进解读，提升公众获得感

当下，传播平台分众化、信息圈群化、内容差异化趋势愈发明显，在这一背景下，政策发布和传播应避免"千网一面""一篇通稿打天下"，宜对政策内容"精装修、再设计"，以通俗易懂、公众喜闻乐见的方式传播政策内容。在这个方面，可参考借鉴中共中央纪律检查委员会（简称中央纪委）、中华人民共和国国家监察委员会（简称国家监委）的宣传经验。例如，中央纪委国家监委在发布新修订的《中国共产党纪律处分条例》时，连发了十余篇解读和评论文章，同步跟进权威解读，如《7 个要点，读懂新修订的党纪处分条例》《一目了然！图解党纪处分条例修订的主要内容》《解读 | 为什么它是本次条例修订最重要的特征之一》等。较多媒体、自媒体直接转载这些文章，在满足公众信息需求的同时，发布者的议程设置得以巧妙保留。其还紧抓读者心理，主动披露《条例》点出问题的现实"原型"，如《"家风建设"为什么写进条例？条例修订背后的故事》等，通过"讲故事"软性解读，弱化说教意图，拉近了政府部门与普通网民的距离。

2.拓展科普网络平台，建设全媒体科普传播体系，使互联网变成科普创新发展的最大增量

一方面，立足现有资源，尝试整合各级网络科普工作平台，构建传播矩阵，实现科普宣传效果最大化和最优化。要牢固树立"全国一张网、全网一盘棋"的工作理念，畅通组织内部纵向、横向信息沟通渠道，使中央与地方、部门与部门、职能部门与宣传主体彼此之间能够在《指南》框架体系内保持密切配合、步调一致，让全国学会、协会、研究会，各地科协，中国科学院院属各

单位，各有关单位，都能按《指南》开展科普选题工作。另一方面，尝试依托新的传播模式建设纵深化科普阵地。有人总结青年人的网络信息获取习惯是：小镇青年看快手，时尚青年看抖音，二次元青年看 B 站，游戏青年看 IG，进步青年看新闻客户端，小资青年看豆瓣、小红书等，这从一个侧面说明网民获取信息的千差万别。建议顺应大众用网趋势，按不同平台特征和不同受众群体的喜好调整和适配好作品内容、形式、渠道，做到"受众在哪里，科普就覆盖到哪里；受众喜欢什么形式，科普就要运用好哪种形式"。

3. 利用新技术、新媒体，打造专业化、精品化的网络科普内容产品

全媒时代是一个信息爆炸的时代，仅微博平台，用户每天的视频和直播日均发布量超过 150 万次，图片日均发布量超过 1.2 亿次，长文日均发布量超过 48 万次，文字日均发布量超过 1.3 亿次。如何在信息海洋中抓住网民注意力，就必须以用户体验为导向，走精品化、品牌化路线。一方面，依托大数据、人工智能等新技术，不断补充和优化科普内容，对科普受众进行聚类，并刻画每一类人群对科普内容的需求偏好，形成人群画像，并根据画像，结合《指南》进行科普内容创作，确保所有人群都能各取所需；另一方面，创建网络科普优秀品牌培育机制，指导地方科协、各相关单位因地制宜，通过政策扶持，提高影响力，扩大传播面，创造性地开展网络科普工作，培育一批网络科普特色品牌，树立一批网络科普优秀典型，推荐一批网络科普先进个人。

4. 发挥政策导向，推动各类主体积极参与网络科普工作，促进公益性科普事业与经营性科普产业双向并进

移动互联网时代，传媒生态的巨大变化催生了一批具有较高人气的科普自媒体人及团队，其中相当一部分人具有专业知识教学和科研背景，同时深谙创意营销、软性宣传手法，在内容生产和渠道传播上拥有双重优势，作为网络科普的有力补充，优势明显，潜力巨大。同时，除了公益性科普事业，一批科普产业正以饶有特色的发展模式不断发展壮大，成为支撑和平衡科普公益性与长期性的有益探索。建议不断调整和优化政策供给，如推动科普公共服务市场化改革，吸引更多人尤其是一线科学家参与到科普工作中来，鼓励传统科普主体加快跨界融合，促进科技研发、市场推广与科普有机融合发展。

科普产品博览会舆情专报

2023 年 10 月 21～23 日，由中国科学技术协会和安徽省政府共同主办，安徽省科学技术协会、芜湖市人民政府等共同承办的第十一届中国（芜湖）科普产品博览交易会（以下简称科博会）在安徽省芜湖市举办。来自全国 25 个省级科协代表、155 个地市科协团体，超 10 万名科技工作者线上线下围绕"聚焦科普新领域、服务科创新赛道"主题，共谋科普融合图景，共襄产业发展盛会。中央电视台《新闻联播》《朝闻天下》等栏目，新华社、人民网、《科技日报》等 60 余家媒体的 200 多名记者进行现场报道，刊发了 1200 多篇新闻稿，全方位、多角度及时报道科博会盛况。网民也通过本届科博会设立的线上二维（2D）、3D 展厅等互动体验，舆论反响积极热烈。

2023 年 10 月 20～31 日，科博会召开前后和召开期间的信息趋势如图附 -1 所示。

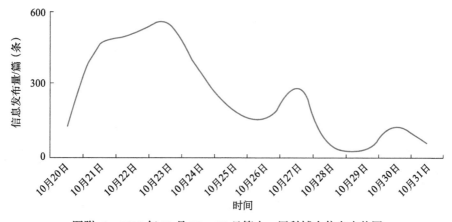

图附 -1　2023 年 10 月 20～31 日第十一届科博会信息走势图

一、主流媒体聚焦科博会主题，综述报道科博会全面情况

中央电视台《新闻联播》《朝闻天下》等以"第 11 届中国科普产品博览交

易会在安徽举办"等为题,对本届科博会进行报道。新华社发表《探访中国(芜湖)科普产品博览交易会》、光明网发表《打卡第十一届科博会:高科技体验感拉满!》、大江晚报发表《一起探班科博会》等,以现场探访打卡视频报道的形式,重点向受众展示科博会现场情况。人民网、光明网、《中国经济周刊》等进行综述报道,称本届科博会以"聚焦科普新领域、服务科创新赛道"为主题,围绕"提升国家科普能力建设"和"促进地方产业发展"两条主线,构建"科普+产业"和"产业+科普"的双向转化渠道;采用"科普+科技、+教育、+文化、+艺术"等形式,实现科普跨界融合;以线上、线下展会并行的方式,进一步扩大展会的覆盖面和影响力,不断提升展会的质量和品质。

二、关注科博会多项"首次",沉浸式、交互化标签鲜明

一是首次设立线上 2D、3D 展厅,公众的体验感进一步提升。人民网报道称,值得一提的是,有别于往届,本届科博会还建成了线上 2D、3D 展厅,建设 360° 全景式线上虚拟展馆。95% 的展品可实现与观众互动,公众的体验感直接拉满。安徽省科学技术协会公众号"安徽科协"称,线上直播 40 场,总时长 130 多个小时,线上观众 2402 万人。中国网报道,本届科博会除有人工智能大模型、C919 模拟机、智能驾驶座舱等极具特色的互动展品外,还精心打造"元宇宙会客厅",利用元宇宙技术构建虚拟会场,让与会嘉宾身临其境地感受场景应用。

二是首次设置"数字孪生元宇宙"和"科普文化创意"科普展区。光明网、人民网报道称,本届科博会首次设置科普文创展区,重点打造战略科技、科普展教、科学教育、数字科普、机器人暨人工智能等多个展区。一个个前沿的科学装置、一台台科学体验设备,为青少年带来了一场集知识性、趣味性和互动性于一体的科普盛宴。中国网报道称,本届科博会聚焦元宇宙概念,邀请了新华社、中国联通、飞利浦等 40 多家元宇宙技术企业,展示元宇宙数字孪生新技术,让与会嘉宾身临其境地感受场景应用。

三是首次全面展示量子信息全领域的相关展品。《现代快报》报道称,本届科博会首次全面展示量子通信、量子计算、量子测量等量子信息全领域的相

关展品，有国盾量子、国仪量子、本源量子、问天量子等量子企业展示九章计算机、祖冲之二号、京沪干线等展品展项。凤凰网报道称，围绕光学、力学、电磁等系列互动科普展品，通过简单明了的操作，让小朋友们产生浓厚的兴趣、迈出科学探索的第一步。在相关新闻评论区和互动话题下，网民积极评价称，"展会很有设计感、娱乐感、意义感""有故事力、交响力、共情力""既好看又好玩、既有意义又有意思"。

三、一批大国重器开放展示，彰显中国科技的蓬勃活力

本届科博会除了展示新一代载人飞船等大国重器外，还有一系列在世界位居领先水平的科技展品，受到观众热烈围观。新华每日电讯报道称，本届科博会重点打造了量子信息展区、AI大模型系列展品展项、元宇宙板块三大亮点，展出新一代载人飞船、巡天望远镜、长征七号运载火箭等一系列领先水平的科技展品。人民网报道称，"国之重器"抱团亮相科博会。各式科技展品琳琅满目，既有C919飞机模拟舱等令人振奋的大国重器，也有Go2四足机器人等让年轻人爱不释手的科技新品。凤凰网报道称，在科博会现场，采风团成员不仅现场领略了大国重器，包括新载人飞船、巡天望远镜、C919智慧驾驶舱、蛟龙号、奋斗者号、福建号航母等高科技成果，还现场体验了量子信息、AI模型、元宇宙等相关领域一系列领先水平的科技展品，覆盖面十分广阔。《中国经济周刊》评价称，本届科博会"展品具有震撼力"。

四、深入报道科博会论坛活动，提升展会影响力、共情力

本届科博会除了"展览展示"板块，还有"高端论坛"和"专项活动"板块，同样备受瞩目。中国网报道称，本届科博会同期举办的"新时代科普产业发展论坛""青少年科学教育发展论坛""元宇宙会客厅""科普研学大会""机器人暨智能制造产业发展高峰论坛"5个高端论坛，使科博会成为一场科普盛宴。《中国经济周刊》报道称，为进一步提升科博会的影响力，本届科博会重点结合相关产业发展，举办院士专家报告会；组织开展"科普项目供需对接

会""科学表演剧展演""优秀科普产品宣传推介"4 个专项活动。同时邀请专业团队举办"科技之光"展演；开展全国优秀科普剧调演，优秀科幻短剧、优秀科普电影展演等活动。大皖新闻报道称，本届科博会邀请了多位院士、专家做科普报告，如谭建荣、郭光灿、李颉、王立军、杨善林等，科技部、教育部、文化和旅游部等相关部委的负责人和专家出面解读相关科技、科普政策；还请来自带"流量"的科普明星，如罗振宇、陈磊、郝景芳、袁岚峰、李维、王文忠、徐亮等做丰富多彩的科普讲座。安徽省科学技术协会称，科普明星走进校园、直面学生，自带"流量"，获得好评。

五、关注报道科博会缘起芜湖，科博会成为芜湖靓丽名片

人民网、《现代快报》等报道称，科博会缘起芜湖，成长于芜湖。自 2004年至今，芜湖科博会已经走过了 20 个年头，随着办会机制的不断完善，展品科技含量越来越高，展会影响力越来越大，科博会不仅成为芜湖的一张靓丽名片，更是芜湖乃至安徽创新发展的重要助推器。大江资讯《这项国家级盛会，为何"永远在芜湖"？》解说称，2004 年，由芜湖市科学技术协会率先提出创意，在中国科学技术协会和安徽省政府的大力支持下，芜湖成功举办首届科博会，开创了"科普事业＋科普产业"并举的先河。科博会缘起芜湖，成长于芜湖，兴盛于芜湖。由于科博会在行业内巨大的影响力，第三届科博会成功举办后，中国科学技术协会批复：科博会永远定在芜湖举办。人民网、中新网等报道，2022 年，芜湖城市创新能力在全国 97 个国家创新型城市中排名第 27 位，全社会研发投入占国内生产总值（GDP）的比重达 3.48%，居安徽省首位；万人有效发明专利拥有量 63.9 件，连续 12 年居安徽省第一位。

六、梳理汇总科博会丰硕成果，展望科普＋产业"两翼"齐飞

安徽省科学技术协会发布的《第十一届中国（芜湖）科普产品博览交易会侧记》称，本届展会交易额 13.4 亿元。文章系统梳理了本届科博会取得的 5 项

成就：一是"硬核科技"精彩亮相，展品层次进一步提高；二是展览展示亮点拉满，展会"朋友圈"进一步扩大；三是展会活动精彩务实，品牌和美誉度进一步提升；四是合作交流取得新突破，展会平台效应进一步凸显；五是"软科普"精彩纷呈，"科普＋"进一步跨界融合。人民网、《现代快报》等报道称，自 2004 年以来，累计有 3300 多家国内外厂商参展，展示的科普产品近 4.3 万件，交易额达 60 多亿元（含意向交易），现场观众达 191 万人次。《科技日报》刊发文章《科创科普两翼齐飞 搭建"科普＋产业"聚集平台——历届中国（芜湖）科普产品博览交易会回望》称，自 2004 年起，科博会每两年举办一次，迄今已经成功举办 10 届。从历届科博会的展会主题来看，科博会积极搭建科普产业集聚平台，着力推动科技成果向科普资源的转化应用；突出科技服务民生，凸显科普事业与科普产业并举，同时重视自身专业化、特色化、精品化、规模化、规范化建设，逐步发展成为国际知名的品牌会展。

表附 -1 为部分主流媒体对本届科博会的报道情况。

表附 -1　部分主流媒体对本届科博会的报道情况

序号	时间	媒体	标题
1	10 月 22 日	中央电视台《新闻联播》	第 11 届中国科普产品博览交易会在安徽举办
2	10 月 23 日	中央电视台《朝闻天下》	第十一届中国科普产品博览交易会在安徽芜湖举办
3	10 月 21 日	新华社	探访中国（芜湖）科普产品博览交易会
4	10 月 21 日		看得见、摸得着、可互动——在科普产品博览会上感受科技魅力
5	10 月 21 日	中国新闻网	第十一届中国（芜湖）科博会启幕 九成五展品可互动体验
6	10 月 21 日		中国科普领域唯一国家级展会"落户"芜湖 20 年连办 11 届盛会
7	10 月 20 日	科技日报	科创科普两翼齐飞 搭建"科普＋产业"聚集平台——历届中国（芜湖）科普产品博览交易会回望
8	10 月 21 日	人民网	芜湖科博会开幕 "国之重器"抱团亮相
9	10 月 24 日	中国网	元宇宙会客厅精彩亮相第十一届科博会
10	10 月 21 日	光明网	打卡第十一届科博会：高科技体验感拉满！
11	10 月 23 日	光明日报	这项科普领域国家级展会，值得打卡

续表

序号	时间	媒体	标题
12	10月21日	中国青年报	第十一届中国科普产品博览交易会在芜湖举办
13	10月23日	科普时报	探访芜湖科博会：放飞好奇心，科技不"高冷"
14	10月17日	中国网科学	"群星"即将璀璨亮相第十一届中国（芜湖）科博会
15	10月22日	新华每日电讯	在科普产品博览会感受科技魅力
16	10月23日	中国经济周刊-经济网	第十一届中国（芜湖）科普产品博览交易会举行
17	10月21日	上海证券报-中国证券网	芜湖科博会启幕 与大国重器和前沿科技零距离
18	10月22日	安徽日报	这场科博盛会 科技"大餐"精彩纷呈
19	10月21日	芜湖新闻网	国家级盛会，今天在芜湖启幕！
20	10月23日	现代快报	融合虚实，接驳未来！第11届科博会举办"元宇宙会客厅"活动
21	10月23日	芜湖日报	第十一届科博会精彩纷呈亮点频频
22	10月23日	凤凰网安徽	嗨玩科博会 乐享音乐节"E往芜前·伴音乐同行"网民看芜湖活动成功举办
23	10月24日	大江晚报	科博会落下帷幕 优秀科普产品推介暨机器人展颁奖仪式举行
24	10月24日	大江资讯	这项国家级盛会，为何"永远在芜湖"？

全国科普日传播情况专报

2023 年 9 月 17 日，第 20 届全国科普日如期举行，系列活动借助最新科技展开科普创新，吸引广大受众共享科技成果，"零距离"体验精彩纷呈的科学盛宴。《人民日报》、新华社、中央电视台、《光明日报》、《中国青年报》等中央重点媒体及各地方媒体，通过多平台多渠道对全国科普日活动开展矩阵式报道，舆论反响积极热烈。在社交媒体平台方面，"全国科普日""我在全国科普日等你"话题阅读量累计突破 3 亿，多次登上热搜前列。截至 10 月 7 日，全网共发布全国科普日相关信息 7.5 万余篇，其中网媒报道 2.6 万余篇，微博主贴 1 万余条，微信文章 1.9 万余篇，纸媒报道 834 篇，APP 文章 1.1 万余篇，短视频约 6400 余条，论坛贴文 310 余篇。

图附 -2 为 2023 年 9 月 15 日～10 月 7 日第 20 届全国科普日前后的信息走势情况。

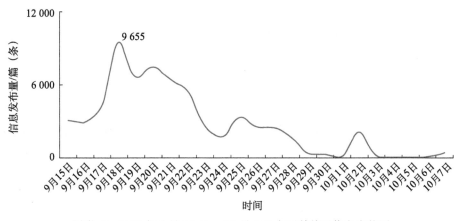

图附 -2　2023 年 9 月 15 日～10 月 7 日全国科普日信息走势图

一、2023 年全国科普日传播特色亮点

1. 以全国科普日为宣传节点，大力弘扬科学精神和科学家精神

全国科普日期间，科学精神和科学家精神得到大力弘扬，集中表现在以下

几个方面。

一是媒体聚焦报道科学家精神教育基地建设成效。自 2022 年以来，中国科学技术协会、教育部、科技部、国务院国有资产监督管理委员会、中国科学院、中国工程院、国家国防科技工业局联合发布了两批"科学家精神教育基地"。截至 2022 年 5 月 30 日，287 家科学家精神教育基地已覆盖 31 个省（自治区、直辖市）和澳门特别行政区。

二是融合共建，科学家纪念邮票持续发行，科学家精神电影、话剧等文艺作品广受好评。《中国现代科学家（九）》纪念邮票发行、科学家精神电影全国科普场馆巡映、《侯德榜》《哥德巴赫猜想》等话剧上演，这些对于激发民族自信心、大力弘扬科学精神具有重要意义。

三是各地按照中国科学技术协会、教育部在 2023 年 7 月共同印发的《"科学家（精神）进校园行动"实施方案》，于全国科普日期间纷纷启动落地项目。例如，北京市发布适合中小学阅读的科学家精神（故事）图书共 70 种，重庆市将科技馆里的思政课堂搬进校园，温州市聘任百位科学家担任中小学副校长等，受到新华社、中国网、人民网等主流央媒的关注报道。

2. 全国科普日折射国家科普能力建设提升，推动科普公平普惠

《科技日报》对我国的科普成就进行了汇总，认为全国科普日活动的创新发展折射出我国科普事业的不断进步。报道称，20 年来，全国科普日活动已成为知名品牌活动，仅 2022 年全国科普日活动期间，就组织各类重点科普活动 7.4 万余项，线上线下参与约 3.2 亿人次；2021 年，全国科普专、兼职人员数量为 182.75 万人，科普人才队伍不断发展壮大；截至 2022 年，全国共有 29 个省（自治区、直辖市）和 6 个副省级城市制定了科普条例或实施科普法办法。《人民日报》头版援引中国科学技术协会数据报道：自 2012 年启动建设至今，我国现代科技馆体系服务线下公众超 10 亿人次，在推动科普公平普惠、提升全民科学素质等方面发挥了独特作用。2022 年我国公民具备科学素质的比例达到 12.93%，较 2015 年提高了 1 倍多。数字的上扬，折射出我国科普能力的提升。此外，主流媒体还集中报道了 2023 世界公众科学素质促进大会，在"营造科学家参与科普的良好生态""科普创作传播的范式变革""数字时代的科学素质""科技馆未来的发展方向""涵养青少年科学志趣 培养基础科学后备人才"

等专题论坛上，中外专家、行业大咖共话科学素质和科普传播等话题，引发广泛关注。

3. 通过全国科普日活动助力教育"双减"[①]，做好科学教育加法

2023 年全国科普日主场活动专门打造了"科学教育做加法"板块，为青少年、科技教师搭建科学教育实践交流的平台。《人民日报》报道称，北京市 10 所学校的学生开发的科创作品登上全国科普日主场活动舞台，展示青少年后备人才培养的成果。通过把课堂搬进展厅，本次主场活动为青少年和科技教师提供了科学教育实践与交流的平台。同时，各地纷纷推动开展"科普大篷车"进校园、科普教育基地联合行动等，受到舆论关注和青少年欢迎。例如，重庆市将科普助力"双减"作为重头戏，举办"科普之夜"故事会，多所中小学校等单位带来科普展演节目，以生动有趣的表演奉上一场科普文艺盛宴。江苏省精心策划举办省首届青少年科创教育成果博览会，展示青少年科技教育和科技创新成果。围绕"同上一堂科学课"等主题，开展"科技馆科普活动进校园""学校学生进科技馆"等系列活动。河南省组织各级青少年科技教育机构、青少年科技教育协会，广泛开展"大手拉小手"科普报告、青少年科学调查体验活动、青少年人工智能创新实践活动，培养青少年的创新精神和实践能力。

4. 国之重器科学装置开放展示，传递科技自立自强的创新自信

2023 年全国科普日主场活动集中展示了近年来我国的一些重大科技创新成果，展览以互动体验形式让观众真切感受中国科技力量。《光明日报》报道称，2023 年全国科普日主场活动以实物、互动模拟装置、实验、专家讲解等多种形式，集中展示了近年来我国在基础研究、国家重大科技设施、民生科技等方面的重要成果，为公众特别是青少年提供了生动有趣的科学体验。《人民日报（海外版）》报道称，从高海拔宇宙线观测站、人造太阳等国家重大科技基础设施，到"京华号"国产最大直径盾构机、"奋斗者"号载人潜水器等国之重器，行走在主场活动展馆中，科技发展的蓬勃气象扑面而来，向公众传递着实现高水平科技自立自强的创新自信。新华网介绍，全国科普日活动不仅集结了科普知识与高科技，使人们能够逐梦苍穹，开启探火探月探秘之旅，还能近距离感

---

① "双减"即减轻义务教育阶段学生作业负担、减轻校外培训负担。

受大国重器，领略美丽中国，持续为公众特别是青少年提供生动有趣的科学文化体验，助力全民科学素质的提升，共同加快我国实现高水平科技自立自强的目标。

5. 数字赋能科普活动，推动形成"线上＋线下"科普传播热潮

全国科普日活动通过直播、短视频、话题互动、VR 等方式，广泛开展云讲堂、云看展、云发布等线上活动，打造出"一省一品一直播"线上活动矩阵。2023 年 9 月 17 日，央视新闻带来全国科普日主场活动的直播，多位院士、科普达人和数百万网友共上一堂科学课，直播话题"这堂科学课超硬核"阅读量达到 557 万次，网友留言互动表示"科学技术的发展和作用是无穷无尽的，科学是了不起的事情""着力提升青少年科技科普能力，这个课堂也太棒了"。9 月 21 日，"天宫课堂"第四课在中国空间站开讲，掀起观看热潮，相关话题登上微博、抖音、快手等多个平台热搜榜，累计阅读量超 1 亿次，网民纷纷留言向航天员致敬，为航天事业点赞。此外，北京云端科学嘉年华在"北京科协"官网上线，将全国科普日主场精彩活动汇集在云端，实现数字化线上观看及回顾展示；多主体在抖音、B 站等短视频平台发起的"全国科普日——寻找 1000 位科普达人"短视频创作征集活动，吸引了数万名科普短视频创作者参与；全网首次跨高校科普创作活动——"星空计划高校行活动"启动等，形成天天有热点、精彩不间断的线上线下科普热潮。

6. 各地区科普展览展现科技创新魅力，吸引公众线下打卡体验

各地主流媒体持续播发各地开展全国科普日主场活动的盛况，各地多项科普设施对公众开放，现场氛围浓厚热烈。如《杭州日报》报道称，"亚运会"成为杭州市科普日主场活动的关键词，当地推出绿色亚运智能亚运主题展览、迎亚运科幻科普电影巡展、亚运主题游园等科普活动，实现了"科普＋亚运"的良好互动效果；《新京报》报道称，北京市科学技术协会推出"科技馆之城"系列活动，发布首批 100 家科技教育体验基地，随之亮相的还有 20 条"科学游"主题线路和囊括 100 家科技文化场馆的科技馆之城手绘地图；《文汇报》报道称，上海市主场活动社区书院"惠民科普直通车"成果展示大赛，面向亲子家庭、中青年和老年人，将优质的科普资源送到全市各社区书院，送到市民群众的身边；北方网报道称，天津市启动"科普之夜"，由"云上科普市集""天津科普之夜文艺演出""点亮天塔科普灯光秀"三部分组成主场活动，科普之光闪耀津城；《湖北日报》报道称，在中国科学院武汉植物园开展的科普亮宝会活动上，30余件馆藏宝贝惊艳亮相，涉及气象、生态、地质、建筑、电力等多领域的科技创新成果，上万市民前来感受科技力量。

7. 各地借此选树科普典型模式案例，表彰和授牌科普团队单位

各省（自治区、直辖市）科普日启动仪式成为各地选树和宣传科普典型模式、案例，表彰科普优秀团队和单位的中心舞台，收到良好效果。例如，江西省在主场活动现场表彰了20位"江西省最美科普志愿者"；山东省在主场活动启动仪式上，表彰了10位山东省优秀科普人物和10项优秀科普作品，并向优秀代表授牌，向"科技小院"授牌，向"银龄"科普助老志愿服务队授旗；江苏省在主场活动启动仪式上，发布了江苏省"最美科技工作者"名单，第三届江苏科普摄影大赛、第九届江苏省公益作品大赛、第十四届江苏省优秀科普作品获奖名单，举行了江苏省首席科技传播专家代表聘书颁发仪式、2023年度江苏省科普教育基地代表授牌仪式、江苏省青少年科技创新培源奖获得者颁奖仪式。在2023年全国科普日期间，新疆维吾尔自治区举行第七届新疆科普奖个人和集体奖、第十一届新疆青年科技奖、2023年"新疆最美科技工作者"等奖项发布仪式，80名个人和10个集体获得表彰；江苏省科学技术协会发文对2023年全国科技活动周暨江苏省第35届科普宣传周优秀组织单位和优秀活动进行通报表扬等。

8. 加大农村科普资源供给，推动建设"乡村振兴、科普先行"

光明网报道称，在主场活动乡村振兴展区，中国农技协科技小院、数字乡村云平台、太空种子及改良育种实物等内容展出，展现科技助力乡村振兴、促进产业发展、创新治理模式和改善生活方式等方面的探索实践。截至2023年9月16日，中国农村专业技术协会已在31个省份建立了857个科技小院，覆盖80余所涉农院校，3000余名师生长期扎根乡村生产一线开展科技服务，用实际行动践行"把论文写在祖国大地上"。此外，各地依托全国科普日科普助力乡村振兴联合行动，在乡村一线开展技术培训和群众性科普文化活动。其中，海南省开展全国科普日科技下乡暨科技小院联合行动，培训农户近百人；青海省各地通过以训代会、以训带促的方式提升农牧民科学素养，打通连接乡

村科学技术普及的"最后一公里";江苏省充分发挥各级农技协组织、科技小院的作用,围绕乡村振兴重点任务,在乡村一线开展技术培训和群众性科普文化活动;北京市平谷区峪口镇举办全国科普日和中国农民丰收节全国农技协联合行动,江苏省、湖北省、新疆维吾尔自治区等多地分会场同步进行,并开展两地现场联系互动交流经验,充分展现了乡土人才助力乡村振兴、投身科技为民的家国情怀。

二、2023 年全国科普日传播启示建议

1. 开展全媒体融合式报道,实现舆论场立体全覆盖

全国科普日传播呈现出"各类网媒多形式联动、单个媒体全方位参与"的特征,即围绕科普日活动,中央和地方各级各类媒体的官方网站、移动客户端及社交平台账号等多个渠道分众传播。这种大联动、总动员的宣传方式,既避免了"一篇通稿打天下"的老问题,也有效覆盖了网络信息传播的主要路径和平台,使全国科普日的信息能够到达最广泛的受众,对"全国科普日"这一中国科学技术协会的品牌活动形象提升大有裨益。建议尝试依托新兴传播模式,如知乎、得到、小红书等"小密圈""种草社区"等,持续拓宽科普纵深,形成覆盖更广泛的智能化科普宣传阵地网络。

2. 邀请线上线下公众互动,增强科普体验和吸引力

2023 年全国科普日期间,主场活动设置户外应急科普体验区、元宇宙 VR 体验空间等互动体验,"天宫课堂"第四课采取天地互动方式进行,新疆维吾尔自治区科学技术协会发起的微博互动"科普抽查"通过答题送红包的方式吸引网民参与等,人气高、效果佳,收获好评满满。参与感、互动感、体验感是科普知识传播的一个巨大优势,互动的意义远远大于其他知识的传播。因此,建议在之后的全国科普日传播工作中,通过增强议程设置能力和作品创新水平,增强互动性,吸引受众的注意力和兴趣点,进而自主地关注、讨论、转发与分享,带动科普信息和知识的传播。

3. 创新运用各类技术手段,推动科普信息智能传播

2023 年全国科普日活动广泛使用直播、短视频、VR 等融媒手段,以及广

泛开展云讲堂、云看展、云发布等方式，拉近了公众与科学之间的距离，也使得全国科普日相关信息为普通民众所乐闻、乐见、乐知、乐享。当下，随着 AI 大模型、生成式 AI 的快速发展，建议尽早研判科协系统"AI+科普"的可行性路径，促进科普内容生产和传播愈发智能化、自动化。对于民间的科普，还可通过科协系统 AI 大模型提供经过一定采编的"半成品"供其进一步加工成品，在提高民间科普力量产出效率的同时，从源头上提高民间科普内容的科学性和准确性。

4. 科普议题设置与时俱进，营造浓厚热烈的科普氛围

在全球展开激烈科技竞争的大背景下，2023 年全国科普日集中展示了近年来我国的一些重大科技创新成果，一批重大科学装置、国之重器的开放展示，极大提振了人心士气，传递出实现高水平科技自立自强的创新自信。对全国科普日的下一步宣传，建议结合《指南》中提出的"选题方向"和"年度科普热点"，在议题设置上与当前的网络热点、重大时政时事节点相呼应，从公众关切出发，通过科学视角回应社会热点事件或议题，以热点为载体，普及科学知识、科学方法，弘扬科学精神，提升传播效果，推动科普宣传更具时代感和现实意义。

世界公众科学素质促进大会舆情专报

2023 年 9 月 19～20 日，由中国科学技术协会、中国科学院、北京市人民政府共同主办的 2023 世界公众科学素质促进大会在北京举行，主题为"提升科学素质，共建繁荣世界——携手同行现代化之路"。来自 13 个国际组织、28 个国家的科技组织和机构的 700 余位中外代表参加本次大会。活动期间，新华社、中国政府网、人民政协网、中新网、央广网、光明网、环球网、中国经济网、《中国青年报》、《中国日报》、《北京日报》、《长江日报》、澎湃新闻、极目新闻等各级各类媒体及其新媒体，从开幕式、主旨报告、专题论坛等多个角度，对大会盛况进行了报道。世界工程组织联合会（World Federation of Engineering Organizations，WFEO）官网刊载本次大会新闻稿。截至 2023 年 9 月 28 日，全网相关信息共计 2479 篇（条），微博话题"# 世界公众科学素质促进大会 #""#2023 世界公众科学素质促进大会 #"的总阅读量超过 1 亿人次。

图附 -3 为 2023 年 9 月 18～28 日世界公众科学素质促进大会召开前后的信息走势图。

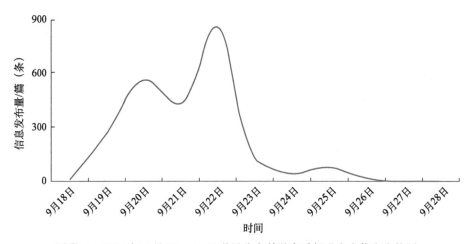

图附 -3　2023 年 9 月 18～28 日世界公众科学素质促进大会信息走势图

一、主流媒体进行广泛报道，社交媒体的相关话题阅读量超过 1 亿人次

中央电视台新闻频道、公益频道，中国新闻网，中国经济网，《中国青年报》，"南方＋"客户端等，以《2023 世界公众科学素质促进大会举行》《2023 世界公众科学素质促进大会在京举办》《2023 世界公众科学素质促进大会开幕，相关组织筹备工作取得积极进展》等为题，报道了大会的主题、与会组织与学者数量规模、会议议程、大会的历史渊源等整体情况。央视网发文《回应 探索 展望 2023 世界公众科学素质促进大会点亮"科普智慧之光"》、微信公众号"中国科普研究所"发文《用科学构筑更美好的世界——2023 世界公众科学素质促进大会成功举办》等，对大会开幕式、主旨报告、2 场高峰论坛、8 场专题论坛和闭幕式 5 个单元进行了全方位报道。

在社交媒体上，联合国儿童基金会（United Nations International Children's Emergency Fund，UNICEF）转发中国科学技术协会的相关报道。大会短视频宣传片《提升科学素质 共建繁荣世界——携手同行现代化之路》、一图总览《2023 世界公众科学素质促进大会》等融媒体作品被广泛转载。截至 2023 年 9 月 28 日，"科普中国"、央视网分别发起的微博话题"# 世界公众科学素质促进大会 #""#2023 世界公众科学素质促进大会 #"的阅读量达 6732.3 万次、2628.6 万次。网民纷纷在相关新闻评论区和网络话题下留言互动，如称"看了短片，感觉到了世界日新月异的变化，高科技技术的运用科普真的很有必要！""科学素质的科普看来不只要从'娃娃抓起'啊！大人们也有必要来学学。"人工智能相关的先进技术在生活中开始应用，前沿科技面向公众的科普非常及时和重要。

二、万钢主席及嘉宾在开幕式上的致辞备受关注，发言"金句"不断被引用

中国新闻网、《中国青年报》、澎湃新闻等关注中国科学技术协会主席万钢

在 2023 世界公众科学素质大会开幕式上的致辞讲话，引述万钢主席讲话"金句"："现代化的本质是人的现代化，它既是一个国家、一个民族的梦想，也是全人类的共同追求。""现代化的最终目标是实现人自由而全面的发展。科学素质提升是实现人的现代化的基本要求，加强公众科学素质建设理应成为各国现代化的应有之义。"《科技日报》发文《2023 世界公众科学素质促进大会倡议——共同推进人类科学素质普遍提升》，援引万钢主席在致辞中提出的三点倡议：深化共识，突出科学素质建设的人民性；促进共享，增进科学素质建设的普惠性；加强合作，提升科学素质建设的持续性。中国新闻网报道称，联合国教科文组织（United Nations Educational, Scientific and Cultural Organization, UNESCO）代理自然科学助理总干事莉迪亚·亚瑟·布里托（Lidia Arthur Brito）在视频致辞中强调，全球要建立有效的科普治理结构，发挥学校、社区科学中心和博物馆等多元平台的作用。中国青年网发文《院士支招科学素质提升 培养科研"后备军"》报道了开幕式上中国科学院院士和中国工程院院士投身科普事业的发言，点赞"在科普这件事上，院士从未缺席"。

三、聚焦大会主题，认为开幕式选址北京首钢园贴合和体现了本届大会主题

"提升科学素质，共建繁荣世界——携手同行现代化之路"的主题成为"人民日报"客户端等媒体的报道标题。微信公众号"中国科普研究所"发文称，位于首钢园的主会场曾是具有百年历史钢铁厂的修理车间，如今它的外观保持工业风貌，内部则被改造为兼具科技感与功能性的会场，迎接来自 13 个国际组织、29 个国家的科技组织和机构的 700 余位中外代表。将工业遗址和当代科学、传统产业和现代文明紧密结合，正是实现创新发展的举措之一，既展现了中国式现代化的生动图景，也体现了本届大会的主题。"北京日报"客户端称，大会开幕式所在的会场曾是首钢的修理车间，经过改造，其外部的工业遗产风貌得以保留。科技改变了人类社会的面貌，加快了人类文明发展的进程，将工业和科学传统与现代化进展紧密结合起来，是实现科学发展的一个举措。

四、关注报道与会专家学者的重要观点，称赞专家们结下的友谊将为国际合作贡献力量

会议期间，代表们围绕如何强化科学素质国际交流合作机制，提升人民科学素质，加强各国科普能力建设、重点人群科学素质养成、实现人的现代化、促进可持续发展等议题展开了深入研讨和交流。

与会专家认为，科普需要内容载体。"科普创作传播的范式变革"专题论坛邀请到了同济大学物理教授吴於人，他介绍了自己做科普的"秘诀"——明确科普视频设计底线、均线、上限，明确科普视频受众和重点受众的特征、需求，保证科学知识、方法、思想、精神交融。

科普需要科技工作者的参与。在"营造科学家参与科普的良好生态"专题论坛中，中国科学院科学传播研究中心副主任袁岚峰认为，人应该知道自己知识的边界，应评估自己在每一个领域是什么样的知识水平。

科普需要新颖形式。在"科学艺术融合的科普新意境"专题论坛以"跨界融合 协同创新：科学艺术赋能的科普新变革"为主题的圆桌论坛中，科学艺术融合的众多学理性问题便引发了嘉宾们观点的交锋，也带给了与会者诸多深刻的思考。

科普需要公共空间。在"科技馆未来的发展方向"专题论坛中，中国科学技术协会党组成员、书记处书记兼中国科技馆馆长殷皓在致辞中，向国内外的科技馆同仁提出三点倡议：一是致力提升公众科学素质，以科学素质建设助力实现人的现代化；二是全力实现科技馆价值作用，满足公众的精神文化需求；三是促进科技馆共同发展繁荣，在交流互鉴、取长补短中共同塑造科技馆发展的美好未来。

此外，中国新闻网发文《中外专家话科普创作传播：优质科普内容如何精准触达目标人群？》聚焦"科普创作传播的范式变革"专题论坛，引述中国科学院院士、中国科普作家协会理事长周忠和的观点称，新时代科普需要建立多元主体协作机制，促进科普创作与传播融合发展。千龙网发文《"数字时代的科学素质"专题论坛》称，国内外专家学者围绕数字时代公民科学素养提升

的新路径、素养水平的测量评价新方法等关键问题进行了深入的讨论与交流，探讨了科学素质建设适应时代新需求的重要性，引发了广泛关注。微信公众号"中国科普研究所"发文称，通过几天的思想碰撞，与会专家们结下了深厚的友谊。会议开始前的座席间、午休时间的饭桌旁、傍晚归途的大巴上，随处可见学者们侃侃而谈的身影，有相见恨晚者，甚至有专家忘我地快意畅谈到深夜。这份珍贵的回忆将成为重要的纽带，为增进国际科技界开放、信任、合作的愿景贡献力量。

五、高度评价大会取得丰硕成果，凝聚广泛共识

微信公众号"中国科普研究所"发文称，大会取得一批务实性合作成果。世界公众科学素质促进组织筹备委员会会议就进一步加强组织建设、开展科学素质国际测评、推动国际科技人文交流等达成共识。闭幕式前，中国科协青少年科技中心与美国科学教育协会（National Science Teaching Association, NSTA）、中国科普研究所与泰国国家科技馆分别签署合作协议。《中国日报》报道称，大会开幕前，召开了世界公众科学素质组织筹备委员会会议，筹备委员会各成员组织共商加快成立世界公众科学素质组织的举措。截至 2023 年 9 月 20 日，世界公众科学素质组织筹备工作已取得积极进展，进入在华注册实质性阶段。新华社发文《2023 世界公众科学素质促进大会聚焦科学素质提升赋能现代化建设》、《经济参考报》发文《国际合作推动公众科学素质建设》称，大会推动实施了一批务实性合作项目，并取得了一系列新成果，包括加快推进世界公众科学素质组织建设，持续打造专业化高层次交流平台；促进各国加强科普能力建设，推进科普资源共建共享；推动国际公民科学素质测评，助力世界公众科学素质建设；讲好中外科普故事，促进文明互鉴，携手同行现代化。央视网报道称，"2023 世界公众科学素质促进大会圆满落幕，未来将在更多元的探索、更深入的实践和更紧密的交流中，全球科普能力建设将迈向新台阶，更好地服务于现代化建设"。

"双减"政策与科普舆论研判专报

自实施"双减"政策以来，全国科协系统积极开展"双减"政策下的升级版"科普+"青少年科普教育工作，在阵地、活动、平台、课题研究、激励机制和协同体系建设等方面进行全面升级，让优质的青少年科技教育活动成为学生课后服务的重要选择，促进校内外科普教育的深度融合，为提升全国青少年的科学素质和"双减"做出了积极的贡献。梳理研究后发现，以"双减"为分界线，实施"双减"政策后我国关于加强中小学科学教育的政策文件愈发密集，全社会利用科普资源助力"双减"共识不断提高；"双减"后全国科普场馆建设加快发展，各类科普助力"双减"制度安排和活动品牌实现了跨越式提升。与此同时，"双减"催生催化校外科学教育、科普研学等新兴业态，但市场乱象也引发舆论反思与治理呼声。

一、实施"双减"政策后，关于加强中小学科学教育的政策文件愈发密集，利用科普资源助力"双减"共识不断提高

一是，以"双减"政策出台为分界线，有关加强中小学科学教育政策的密度和强度显著增强。梳理后发现，实施"双减"政策前，相关政策文件和举措包括：2001年，我国开始进行基础教育课程改革，小学阶段的自然课改成科学课，在科学教育方面逐渐和国际接轨；2017年，《义务教育小学科学课程标准》发布，要求从一年级开设科学课；2019年，《关于加强和改进中小学实验教学的意见》发布，鼓励科学课强化探究式实验教学；2021年7月实施"双减"政策后，2021年12月7日,《关于利用科普资源助推"双减"工作的通知》要求，发挥科协系统资源优势，支持学校开展课后服务，提高学生科学素质；2022年3月25日，《义务教育课程方案和课程标准》对一至九年级的科学课进行了整体布局，增加了科学类课程学习的课时；2022年9月，《关于新时代进一步加强科学技术普及工作的意见》指出，"增强科学兴趣和创新意识作为素质教育

重要内容，把弘扬科学精神贯穿于教育全过程"。

从中央到地方，从党委到政府，从教育部门到其他职能部门，均把加强中小学科学教育视为开展和落实"双减"的有力抓手，并取得了显著效果。国家义务教育质量监测显示，我国中小学生科学学业表现整体良好，约八成学生达到中等及以上水平。一至九年级均已开设科学课，独立设置信息科技、劳动课程，同时广泛开展科技节和社团活动，加强实验条件建设。2022 年小学、初中、普通高中实验仪器达标学校比例较 2012 年分别增长 45.4%、22.3%、9.8%；2022 年全国小学专任科学教师总量比 2012 年增长了 35.3%，初高中理科类教师数量稳中有增。

二是，实施"双减"政策两年后，党中央在 2023 年提出"在教育'双减'中做好科学教育加法"的新要求。新华社报道，2023 年 2 月 21 日，习近平总书记在中共中央政治局就加强基础研究进行第三次集体学习时提出，要在教育"双减"中做好科学教育加法，激发青少年好奇心、想象力、探求欲，培育具备科学家潜质、愿意献身科学研究事业的青少年群体。① 此前的 2021 年11 月，"规范校外培训机构"已被写入《中共中央关于党的百年奋斗重大成就和历史经验的决议》。《南方都市报》报道称，2023 年 5 月 29 日，教育部等十八部门发布《关于加强新时代中小学科学教育工作的意见》明确指出，要通过3 至 5 年努力，在教育"双减"中做好科学教育加法的各项措施全面落地。同时，要求各校要由校领导或聘任专家学者担任科学副校长，原则上至少设立1 名科技辅导员，至少结对 1 所具有一定科普功能的机构（馆所、基地、园区、企业等），并落实小学科学教师岗位编制，加强中小学实验员、各级教研部门科学教研员配备，逐步推动实现每所小学至少有 1 名具有理工类硕士学位的科学教师。

三是，"双减"背景下科普课堂进校园需求激增，舆论呼吁院士校园行、科学家进校园，同时学生"走出去"要形成常态。已于 2022 年秋季学期正式施行的教育部印发的《义务教育课程方案和课程标准（2022 年版）》中明确，科学类课时在国家课程中占比提升至 8%～10%，超过了外语的占比

---

① 新华社. 习近平在中共中央政治局第三次集体学习时强调 切实加强基础研究 夯实科技自立自强根基 [EB/OL]. http://www.news.cn/2023-02/22/c_1129386597.htm[2024-10-17].

（6%～8%），还要求科学、综合实践活动开设起始年级提前至一年级。《文汇报》记者调查后称，在"双减"政策背景下，科普课程进校园的需求激增。但无论是科学家还是学校，都希望有社会第三方的助力，提供相关平台与服务，使优质科普资源最大限度地得以利用，从而发挥出更大的社会效益。

面对学校课后服务产生的大量需求，课程由谁开发、谁来上课成为需要重点关注的问题。《广州日报》发布评论文章建言，当开拓"增量"，引入社会力量助力，提供供需对接平台与服务，让科研机构工作者、科研院校老师、硕博士参与进来，使优质科普资源最大限度地得以利用。部分科学家、学校则通过《扬子晚报》表示，希望有社会第三方的助力，提供相关平台与服务，使优质科普资源最大限度地得以利用，发挥更大的社会效益。《新京报》援引清华大学刘兵教授的观点称，社会上的科学教育资源及科普活动对于提高学生的科学素养同样重要。清华大学心理学系学习科学实验室执行主任宋少卫表示，在传统教育模式下，学生主要是在校内学习，未来完全可以增加学生在科技馆、科学教育基地的学习。这些科学基地不一定是政府的，也可以是企业甚至个人的，通过在科学基地的学习进一步开发学生的科学思维。

二、"双减"后全国科普场馆建设加快发展，各类科普助力"双减"制度安排和活动品牌实现跨越式提升

一是，全国科普场馆数量和规模稳步增长，科普软硬件实力再上一台阶。根据科技部发布的《中国科普统计》（2023 年版），2022 年全国科普场馆数量总数达到 2252 个，其中科技馆数量比 2021 年增加 33 个；全国科普专、兼职人员数量为 199.67 万人，比 2021 年增加 9.26%；全国科普经费筹集额为 191 亿元，比 2021 年增长 1.02%。"双减"政策实施后次年，在受到新冠疫情影响的背景下，全国科普软硬件实力仍能再上一台阶，实属不易。同时，高校、科研院所、企事业单位等也纷纷建立各类科学教育社会实践基地，极大地丰富了校外科学教育资源。

二是，中国科学技术协会领衔推动科普资源助力"双减"工作，主推以"双进"服务"双减"。2021 年 12 月 7 日，中国科学技术协会、教育部印发的

《关于利用科普资源助推"双减"工作的通知》，聚焦"怎么做""抓重点""建机制"三大方面，倡导"引进科普资源到校开展课后服务，各地各校要以'请进来'的方式，引进一批优秀科普人才和相关科普机构，有效开展科普类课后服务活动项目；组织学生到科普教育基地开展实践活动。各地各校要以'走出去'的方式，有计划地组织学生就近分期分批到科技馆和各类科普教育基地，加强场景式、体验式、互动式、探究式科普教育实践活动"。主流舆论普遍评价该政策文件具有"风向标"意义，对于加强青少年科学教育以及落实"双减"工作作用重大。随后，中国科协青少年科技中心、中国青少年科技教育工作者协会组织实施了"'科创筑梦'助力'双减'科普行动"，2023年7月，在全国已发展100余个试点城市；指导"双进"服务"双减"全国科技馆联合行动，2022年共联动全国科技馆400余座次，为公众提供内容丰富、形式多样的优质科普活动1800余场，服务公众7200万余人次。《人民日报》盘点称，目前，全国千余个实体科技馆、流动科技馆、科普大篷车，以及近万个乡村少年宫全面向中小学生开放，与中央集中彩票公益金建设的140余所示范性综合实践基地、620余所研学基地和营地，共同开辟了科学教育社会大课堂的广阔天地。同时，打造出"天宫课堂"、科学家（精神）进校园、全国青少年高校科学营等一批有影响力的品牌活动，引导广大中小学生爱科学、学科学、用科学。

　　三是，各地各部门普遍将科普作为在教育"双减"中做好科学教育加法的重要抓手。为落实中央关于在"教育'双减'中做好科学教育加法"的重要指示，各地各部门积极联动地方科协科普资源，不断开创工作新局面。中共河南省委全面深化改革委员会办公室将"科普助力'双减'"纳入便民利民7项"微改革"之中，并联合省科学技术协会共同推进这项工作。湖南省教育厅等7部门联合出台《关于进一步落实义务教育"双减"深入开展科普教育"双走进"工作的意见》，着力打通校内校外科普教育双向贯通的堵点，推动科技工作者和公益科普资源走进中小学校，推动中小学生走进校外科普场所及科创空间。江苏省启动"未来科学之星·院士专家进校园"系列活动，江苏省科学技术协会计划到2025年底，在全省命名150所"省科学教育综合示范学校"。吉林省科学技术协会、吉林省科普作家协会扶持成立了吉林省青少年科普委员会，旨在为青少年科普工作搭桥铺路，在全省范围内科普助力"双减"普及推广。

三、"双减"催生催化校外科学教育、科普研学等新兴业态，但市场乱象也引发舆论反思与治理呼声

一是，实施"双减"政策后，科技类校外培训市场火热，成为有益补充。《中国妇女报》报道，在实施"双减"政策后的首个寒假，校外培训发生了显著的变化：除冰雪运动格外火爆外，乒乓球、羽毛球、篮球、体能等体育培训及编程和艺术类培训也受到欢迎。家长们表示，假期能让孩子集中时间培养一些特长爱好，同时也符合注重学生综合素质的教育改革方向。《科技日报》报道，实施"双减"政策后，科学教育火了，编程培训、科学思维课、建模竞赛等成为热门之选。澎湃新闻报道，上海市科学技术委员会组织编制了《上海市第一批科技类校外培训项目目录》，包含计算机编程、机器人、模型制作、无人机、无线电、创客、积木拼搭七大类项目，基本涵盖目前现有合规开展的非学科类科技培训项目，自 2023 年 8 月 1 日起实施。此前，广东、江西、河北等省份均出台了非学科（科技类）校外培训机构目录清单、管理办法或设置标准，引导和规范科技类校外培训机构有序发展。

二是，科普研学持续"火爆"，各地持续深化科普与旅游的深度融合。实施"双减"政策后，每到小长假、黄金周、寒暑假，"研学热"便席卷全国，同程旅行平台统计数据显示，2023 年 7 月"研学"旅游搜索热度上涨 203%；驴妈妈等旅游平台数据显示，多地研学游产品预订数据均已超过 2019 年同期。研学成为暑期国内最热门的出游主题，其中"科普研学"成为细分领域热点之一，不少地方正积极探索推进：张家界市自 2022 年 11 月获中国科学技术协会授予"科普研学试点城市"后，制定了《张家界市 2023 年科普研学旅行工作方案》，打造精彩科普研学课程，推出科普研学精品线路，掀起了"科普研学旅行"热潮；新华网、《中国科技教育》杂志社联合推出的系列示范性科普研学活动，覆盖陕西、河北、北京、山东和内蒙古等地；青海省科技厅开展首届青少年"科普万里行"暨科普研学活动，活动期间，成立"青海省青少年科普宣讲队"，并颁发"青海省青少年科普使者"证书，科普宣讲队代表向全省青少年发出了科普研学倡议；广东省东莞市教育局组织编写了首批东莞市中小学

科学教育研学点手册，精选东莞市35个公益性科学教育研学点，涵盖了多个科学领域；广西壮族自治区文化和旅游厅推出生物科普研学等18条研学旅行精品线路。全国各地围绕科普主题，持续深化科普与旅游的深度融合。

暑假"研学热"背后，"五天研学收费5980元""名校游变为校门口拍照打卡"等行业乱象也引发社会的广泛关注。中国网、《法治日报》、北京广播电视台等多家媒体调查研学市场乱象，曝光部分研学机构乱收费、高收费，以及研学质量不高、存在安全风险等问题，舆论呼吁有关部门针对当前行业现状，进一步完善相关规范性文件，加强对研学旅行机构的监管。

欧阳自远院士科普成就和贡献舆论专报

近年来，我国著名教育科研工作者、中国月球探测工程首任首席科学家、中国科学院院士、中国航天科普营荣誉营长欧阳自远，在专注科研工作的同时，以身作则，积极践行习近平总书记有关打造"科普之翼""带动更多科技工作者支持和参与科普事业，促进全民科学素质的提高"等重要指示精神，取得了显著的成就。从主流舆论到普通网民，均高度一致评价欧阳自远院士从献身科研到投身科普六十余载，满怀热情地投入大众科学普及事业，特别是向广大青少年儿童普及科学知识，传播科学思想，弘扬科学精神，做出了不可磨灭的卓越贡献。舆论反响情况具体如下。

一、组织构建中国空间科学、地质学、矿物学等科普工作体系，大力传播航天知识，弘扬科学精神

一是投身航天科普组织，发挥名人科普号召力。《新京报》报道，成立于2009年的航天科普营，以国家国防科技工业局和中国航天科技集团有限公司为指导单位，邀请孙家栋院士和欧阳自远院士为荣誉营长，秉承"科学求实、深度体验"的宗旨，利用航天知识及资源，一直致力于让更多的航天爱好者深度接触中国航天的先进科学技术，面对面向航天专家学习，身临其境体验航天发射等活动，在活动中培养航天兴趣，增长航天知识，弘扬航天精神。

二是担任各类学术性、非营利性社会组织的负责人，协调各类资源当好科普"播种机"。欧阳自远院士担任或曾担任中国矿物岩石地球化学学会理事长、中国地质学会副理事长、中国科学家协会荣誉会长、中国空间科学学会理事长与空间化学委员会负责人等。在任期间，他积聚各类优势资源，着力建设包含科普专家团队、科普内容、传播渠道和科普教育基地等在内的空间科学、地质学、矿物学等科普工作体系。

三是2016～2020年担任"科普中国"形象大使。他积极发挥形象大使的

个人魅力和作用，助力增强"科普中国"的品牌价值及其相关科普产品的知名度和传播力，同时增进科技界与公众的交流互信。

二、潜心科普、致力社会公益六十余载，满怀热情地投入大众科学普及事业

《人民日报（海外版）》报道称，早在 20 世纪 60 年代，欧阳自远就通过举办讲座等形式为大众破解科学之谜，讲清楚一些所谓超自然现象背后的科学知识，帮助人们破除迷信。随着科研工作的深入和科学工程的推进，欧阳自远做科普的主题、深度进一步拓展，频次也逐渐增多，他一度一连数年每年举行科普报告会 50 多场，平均几乎每周一场。人民网报道称，"娓娓道来""通俗易懂"是很多人对欧阳自远院士做科普的评价，这两个词语折射出他的科普态度和科普能力。每次做科普报告，欧阳自远院士都要根据受众情况调整报告内容，"每一张 PPT 都是经过反复思考和推敲，图应该在哪里，文字应该如何表述，都要仔细琢磨。各种内容的科普报告一共有 30 个版本，每种针对不同的对象。"中国科学技术协会牵头联合 11 家部委共同实施的"老科学家学术成长资料采集工程"报告成果称，2008～2016 年，欧阳自远院士走遍全国，共完成了 474 场科普报告，平均每年 52 场，几乎每周 1 场，有时一站就是两个小时。"科学家需要反哺社会，一方面以高水平的研究成果，另一方面让公众更好地理解科学，提高国民素质，支持科学的发展。科普是文明国家、强大国家的基础。"欧阳自远院士如是说。

三、注重发挥传统书刊深度、系统科普的作用，组织、编撰、合著多部高质量科普读物

知力网报道称，自 1957 年以来，《知识就是力量》杂志刊载了许多有关人造卫星的原理和应用，月球、金星、火星和太阳系探测的科普文章，伴随国家空间探测共同发展。作为《知识就是力量》编委会副主任和杂志领读者，欧阳自远院士带领读者们邀游于知识海洋中。《欧阳自远：火星探测总目标是为人

类社会的持续发展服务》一文中写道，中国的探月工程正式启动后，2005年，中国科学院探月工程应用系统总体部组织编写了科普读物《说月》，书中收录了大量关于月亮的文化传说和科学知识，以生动活泼的形式向大众普及月亮的知识。2009年，欧阳自远院士与刘茜合著的《再造一个地球：人类移民火星之路》出版，后多次再版。他要把我们应该飞得更远、也有能力飞得更远的信心和信念传递给大众，尤其是广大青少年。《中国教育报》报道称，《中国儿童太空百科全书》是一套由中国科学院院士欧阳自远领衔编纂、适合6～15岁儿童阅读的原创科普启蒙百科，这套书不仅具有鲜明的中国特色，而且是符合儿童思维的科学启蒙百科。《人民日报》报道称，2019年，《中国儿童太空百科全书》与斯洛伐克的奥拉出版公司达成合作协议，后者曾拿着样书请资深科普出版人审阅，结论是："这本中国百科全书内容扎实可信、质量上乘。"光明日报社旗下的《中华读书报》报道，2021年，欧阳自远院士与青年科普作者王乔琦合著的《地外生命寻踪》出版，该书深入浅出地介绍了科学家们对地外生命问题不断认知的过程，以地球生命为模板，生动介绍了人类探寻地外生命的方法及历程，对未来中国深空探测提出更高的期许。

四、带头使用直播、短视频等融媒体形式，嘉惠无数网友，让硬核知识更接地气

据中国新闻网报道，欧阳自远院士是第一位独家入驻快手的科学家，他在快手上做探月知识的直播分享，实现了400多万人在线观看。云南网报道称，在入驻快手做科普后，欧阳自远院士更加深刻地感受到科普的普惠价值："科学家最大的责任是完成自己的研究，另一个责任是传播自己的科学精神、科学思想。"2022年4月24日中国航天日这天，欧阳自远与中国地质科学院研究所副研究员董汉文一起做客快手直播，分享了航天探索与地质研究两个科研领域之间的深厚渊源，并鼓励更多科研工作者参与到科普工作中来。"中国科协"百家号报道称，2022年8月6日，欧阳自远院士以《向太阳系的星辰大海挺进！》为题开启了"科普中国"星空讲坛首场演讲，活动通过"科普中国"微博、百度、快手、抖音、B站、视频号等新媒体平台及地方广电渠道进

行直播,总传播量超过 405 万人次。"北京科协"澎湃号报道称,2022 年 9 月 19 日北京科学嘉年华期间,北京科学中心与百度希壤联合打造"院士专家讲科学·元宇宙讲堂",邀请欧阳自远院士在希壤元宇宙中做独家直播讲座,极大增强了远程科学教育的沉浸式体验。此外,欧阳自远院士参加的各类科普访谈、座谈、专题节目,如中央广播电视总台"中国之声"、央视频携手中国科协青少年科技中心推出的全媒体科普栏目——大师课堂《科学家讲科学》等,也被制作成各类短视频投放到网络空间,嘉惠无数网友,散播着点点智慧科普星光。

五、心系贵州,推动贵州第一所也是唯一一所省级科技馆及新馆建设

欧阳自远院士曾担任贵州省人大常委会副主任、省科学技术协会主席,把贵州看作"第二故乡",致力于贵州省的科普场馆建设和科普活动开展。《贵州日报》当代融媒体集团旗下的"天眼新闻"报道称,1994 年,欧阳自远兼任贵州省科学技术协会主席,既已上任,他也在思考为贵州人民做点什么,于是他提出要修建贵州科技馆的想法。由于经费短缺,省人大要通过的十件大事没能排上队。当时,贵州"天无三日晴,人无三分银"的状况是困扰欧阳自远的最大难题。深感无奈的欧阳自远诚恳地给省领导写了一封信,他提出:如果财政不足以支撑这一青少年的科学梦想,他愿意用自己在全国的影响力去集资筹款,省领导被这位质朴科学家的赤子之心感动,力排众难最终在贵阳市建成了第一所也是目前唯一一所的省级科技馆,贵州的青少年们终于得以在自己的家乡探索到更多科学的奥秘。贵州省科学技术协会网站称,贵州科技馆老馆自 2006 年开放运行 16 年来,接待服务近千万人次,为提升贵州省全民科学素质发挥了不可替代的独特作用。但由于贵州科技馆老馆在老城区,占地狭小、空间有限、展品陈旧等瓶颈问题日益凸显。欧阳自远院士非常关心贵州科技馆新馆建设工作,并专门写信给贵州省主要领导建议此事。2022 年,贵州省科学技术协会党组书记、副主席向虹翔赴中国科学院拜访欧阳自远院士,就他十分关心的贵州科技馆新馆建设事宜做了专题汇报。贵州省委、省政府主要领导高

度重视老主席的来信，就科技馆新馆立项事宜做出批示。之后，贵州科技馆新馆建设立项，并已纳入 2022 年贵州省重大工程和重点项目预备项目。欧阳自远非常感谢贵州省委、省政府领导对科普事业的殷切关心和全面重视。欧阳自远院士表示，要建好科普主阵地，提升新时代贵州干部群众科学文化素质。他说："科技馆是科普工作的主阵地，我在贵州工作时，就建议省委、省政府建设省级科技馆。"建设省级科技馆新馆，对贯彻落实习近平总书记"两翼论"要求和视察贵州重要讲话精神，擦亮"中国天眼""中国数谷""国家生态文明试验区"等品牌，提升新时代贵州干部群众科学文化素质，具有十分重要的现实意义。

六、在全国开展科普巡回讲演，深入基层一线解答青少年的科学疑问，以超强人格魅力引领青少年追逐科技梦想

欧阳自远说："青少年是很重要的一个时期，培养他们对科学的兴趣就是在这个时候，我很希望能成为他们的领路人。"人民网报道称，欧阳自远院士虽年过八旬，但每年都会做科普报告五十余场，累计听众数万人，其中有不少中学和小学请他去做讲座，他也欣然前往。近年来，在中国航天日、全国科技活动周、全国科普日和中国空间科学大会等期间，欧阳自远院士等一批资深专家，在全国多地举办了近百场公益科普活动，线上线下受众超千万人次。

中国地质大学 B 站账号报道，无论对谁，欧阳自远院士都能充满耐心地讲解，他能把枯燥的知识讲得既生动又通俗易懂。有一次，有同学问了他一个有趣的问题："如果要带三样东西去月亮，您会带什么？"他回答道："假如我有机会去月亮，不是去旅游，而是去干活的。所以要带地质包，里面有罗盘等工具；还要带一个照相机……"人民网报道称，有小朋友问："到底有没有 UFO（不明飞行物）？有没有外星人？"欧阳自远耐心地向其解释，现在关于外星人、UFO 的说法很多，但是没有一件事情能够证明它是真的由外星人发射的探测器。"比如有人说月球背面有外星人，结果我们的探测结果证实它是假的，还是要讲证据。"

在社交媒体上，欧阳自远院士求真务实的严谨作风、实事求是做科普的态

度，获得广大网民由衷的赞许与钦佩，大家称"欧阳自远院士在我们学校的讲座令人印象深刻，他十分谦卑，即使高龄，还能讲长达两个小时，耐心回答同学的问题，令人钦佩不已，受益匪浅""欧阳院士乃我辈楷模，'仰望星空，脚踏实地，上下求索，践行梦想'，这十六字振聋发聩，致敬，学习！"

附录二
"科普中国"信息员调查问卷

1. 您的性别?

    A. 男   B. 女

2. 您的年龄段?

    A.18 岁以下   B.18～23 岁   C.24～27 岁

    D.28～34 岁   E.35～40 岁   F.41～55 岁

    G.55 岁及以上

3. 您居住的地方?

    A. 一线城市   B. 非一线城市

    C. 县、乡、村   D. 港澳台及海外

4. 您从事的职业?

    A. 学生   B. 文职人员   C. 技术人员

    D. 务农   E. 教师   F. 医生

    G. 公务员   H. 自由职业   I. 待业

    J. 退休

5. 您的受教育程度?

    A. 初中及以下   B. 高中   C. 大专

    D. 本科   E. 硕士及以上

6. 您的内容喜好?

    A. 科技   B. 科学   C. 健康

    D. 军事   E. 农业   F. 辟谣

    G. 母婴   H. 生活   I. 教育

    J. 科幻   K. 人文

7. 以下称呼中哪个最符合您的形象?

    A. 职场高手   B. 科普达人   C. 普通网友

    D. 文化传播者   E. 教育工作者   F. 教育爱好者

    G. 路人

8. 您觉得 APP 还需要改进的地方有哪些?

    A. 内容不喜欢   B. 内容数量少   C. 界面不好看

    D. 功能不好用   E. 活动不丰富   F. 都挺满意无需改进

9. 感谢您的参与，最后您对"科普中国"APP有什么建议或意见，请您告诉我们：_____。

后　记

　　本书为《中国科普互联网数据报告》系列的第八辑，分为上下两篇。上篇为"科普中国"平台发展数据报告（作者：钟琦、王黎明、马崀翔），其中第一章"科普中国"平台建设报告，执笔人是王黎明；第二章"科普中国"平台内容传播报告，执笔人是王黎明；第三章"科普中国"信息员发展报告，执笔人是马崀翔。下篇为互联网平台科普数据报告（作者：钟琦、马崀翔），其中第四章互联网平台内容资源报告，执笔人是钟琦，第五章 B 站平台用户与创作者分析报告，执笔人是马崀翔。马茜茜和余羿琼负责附录的文字整理。

　　在此，对科普数据分析课题组成员以及支持关心本课题研究和发展的相关人员表示衷心的感谢。

全体作者

2024 年 12 月